BIM技术与应用系列规划教材

辽宁省一流课程配套教材

建筑工程
BIM技术及工程应用

鲁丽华　孙海霞　张 帆　主编

U0231636

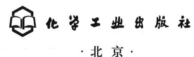

化学工业出版社

·北京·

内 容 简 介

《建筑工程 BIM 技术及工程应用》内容涵盖了初学者必须掌握的 BIM 技术操作流程以及实操要点，内容基础、精炼和实用。本书内容主要包括：绪论，BIM 建模环境，Revit 简介，建筑场地与轴网、标高创建，Revit 结构建模基础，信息模型输出，Navisworks 功能介绍，BIM 管理应用等。本书还配有建模视频、网络课程等以协助学习者提高 BIM 建模的实际操作能力。

本书可供建筑学、土木工程、城市地下空间工程、工程管理、工程造价等土木类相关专业本科、研究生教学使用，也可供参加全国 BIM 技能等级考试的学员学习使用。

图书在版编目（CIP）数据

建筑工程 BIM 技术及工程应用/鲁丽华，孙海霞，张帆主编 . —北京：化学工业出版社，2022.1（2023.11重印）
BIM 技术与应用系列规划教材
ISBN 978-7-122-40311-7

Ⅰ.①建…　Ⅱ.①鲁…②孙…③张…　Ⅲ.①建筑设计-计算机辅助设计-应用软件-教材　Ⅳ.①TU201.4

中国版本图书馆 CIP 数据核字（2021）第 231791 号

责任编辑：刘丽菲　　　　　　　　　文字编辑：师明远
责任校对：杜杏然　　　　　　　　　装帧设计：韩飞

出版发行：化学工业出版社（北京市东城区青年湖南街 13 号　邮政编码 100011）
印　　装：北京建宏印刷有限公司
787mm×1092mm　1/16　印张 13½　字数 320 千字　2023 年 11 月北京第 1 版第 3 次印刷

购书咨询：010-64518888　　　　　　售后服务：010-64518899
网　　址：http://www.cip.com.cn
凡购买本书，如有缺损质量问题，本社销售中心负责调换。

定　　价：49.80 元

前 言

近年来，BIM 技术的应用带来了建筑行业的重大变革，因此应高度重视 BIM 技术的教学，这对于提升学生专业技能和从业能力有非常重要的作用。笔者认识到推进 BIM 技术教学的必要性和紧迫性，因而编写了 BIM 技术与应用系列规划教材，希望能够帮助 BIM 技术初学者系统学习。

《建筑工程 BIM 技术及工程应用》为 BIM 技术与应用系列规划教材之一。本系列教材根据不同专业——建筑工程、桥梁工程、建筑设备、装配式结构，共分四册。本书着重介绍建筑工程的建模和 BIM 管理应用，内容涵盖了初学者必须掌握的 BIM 技术操作流程以及实操要点，内容基础、精炼和实用。本书内容主要包括：绪论，BIM 建模环境，Revit 简介，建筑场地与轴网、标高创建，Revit 结构建模基础，信息模型输出，Navisworks 功能介绍，BIM 管理应用等。

本书内容特色主要为：增加工程实例，注重培养学习者的实际操作能力；教材立体化建设，实现纸质教材、视频、慕课（MOOC）一体化；参考全国 BIM 技能等级考试（一级）大纲，可作为全国 BIM 应用技能考试参考用书。

本书可供建筑学、土木工程、城市地下空间工程、工程管理、工程造价等土木类相关专业本科生、研究生教学使用，也可供需要入门 BIM 技术的从业人员学习使用。

全书共 8 章，第 1 章由孙海霞编写；第 2 章由张帆编写；第 3 章由朱天伟编写；第 4 章由鲁丽华编写；第 5 章由张帆编写；第 6 章由辽宁奥路通科技有限公司姚卓编写；第 7 章和第 8 章由孙成才编写。全书由鲁丽华统稿。

由于编者水平有限，书中疏漏在所难免，敬请批评指正。

编者
2021 年 12 月

目 录

第1章 绪论   **1**

1.1 BIM 的定义及特点 ………………………………… 1

    二维码: BIM 的基本概念、特征及其发展 …………… 1

    1.1.1 BIM 的定义 …………………………………… 1

    1.1.2 BIM 的特点 …………………………………… 1

1.2 BIM 软件的类型 ……………………………………… 2

1.3 我国 BIM 行业现状 …………………………………… 4

    1.3.1 BIM 相关政策背景 …………………………… 4

    1.3.2 我国建筑信息化的时代背景 ………………… 5

    二维码: 建筑信息化时代下的大国工匠精神 ……… 6

思考题 ………………………………………………… 6

第2章 BIM 建模环境   **7**

2.1 BIM 硬件环境配置 …………………………………… 7

    二维码: BIM 建模软件及建模环境 …………………… 7

2.2 参数化设计的概念与方法 …………………………… 8

2.3 BIM 建模流程 ………………………………………… 8

    2.3.1 制订实施计划 ………………………………… 8

    2.3.2 具体实施过程 ………………………………… 9

2.4 BIM 建模软件 Revit ………………………………… 10

思考题 ………………………………………………… 11

第3章 Revit 简介   **12**

3.1 Revit 基本术语 ……………………………………… 12

    二维码: 项目和项目样板、类型属性和实例属性 …… 12

    3.1.1 样板 …………………………………………… 12

    3.1.2 项目 …………………………………………… 12

3.1.3 组 ······ 12

3.1.4 族 ······ 13

3.1.5 图元 ······ 14

3.1.6 类别和类型 ······ 16

3.2 Revit 界面介绍 ······ 16

二维码：软件的启动与关闭、用户界面 ······ 16

3.2.1 应用程序菜单 ······ 17

3.2.2 快速访问工具栏 ······ 20

3.2.3 功能区选项卡 ······ 20

3.2.4 上下文选项卡 ······ 23

3.2.5 选项栏、状态栏 ······ 23

3.2.6 "属性"选项板与项目浏览器 ······ 24

二维码：项目浏览器、视图导航、ViewCube ······ 24

3.2.7 View Cube 与导航栏 ······ 25

3.2.8 视图控制栏 ······ 26

二维码：视图控制栏、图元选择 ······ 26

3.3 Revit 基本命令 ······ 26

3.3.1 项目打开、新建和保存 ······ 27

3.3.2 视图窗口 ······ 29

3.3.3 修改面板 ······ 29

二维码：修改编辑工具 ······ 29

二维码：快捷键、临时尺寸标注 ······ 29

3.3.4 视图裁剪、隐藏和隔离 ······ 34

3.4 Revit 项目设置 ······ 36

3.4.1 项目信息、项目单位 ······ 37

3.4.2 材质 ······ 38

3.4.3 项目参数 ······ 39

3.4.4 项目地点、旋转正北 ······ 40

3.4.5 项目基点、测量点 ······ 42

3.4.6 其他设置 ······ 43

思考题 ······ 44

第4章 建筑场地与轴网、标高创建 **45**

4.1 创建地形表面 ······ 45

4.2 场地设置 ······ 46

4.3 拆分表面、合并表面、子面域 ······ 47

4.4 建筑红线 ······ 49

4.5 建筑地坪 ······ 50

4.6 放置场地构件 ······ 52

4.7 标高、轴网 ······ 53

　　　　二维码：创建标高 ································· 53

　　　　二维码：修改标高 ································· 54

　　　　二维码：创建轴网 ································· 55

　　　　二维码：修改轴网 ································· 56

　　　　二维码：标高轴网创建实例 ····················· 56

　4.8　标高、轴网的 2D 与 3D 属性及其影响范围 ········ 56

　4.9　参照平面 ·· 57

　思考题 ·· 57

第 5 章　Revit 结构建模基础　　　　　　58

　5.1　Revit Structure 环境设置 ······················ 58

　　5.1.1　Revit Structure 文件类型介绍 ·············· 58

　　5.1.2　新建结构项目文件 ························· 59

　　5.1.3　工作环境设置 ··························· 59

　　5.1.4　应用实例 ······························· 65

　5.2　结构柱 ·· 66

　　5.2.1　结构柱的创建 ··························· 66

　　5.2.2　放置结构柱 ····························· 69

　　5.2.3　实例详解 ······························· 73

　　5.2.4　结构柱族的创建 ························· 76

　5.3　结构梁 ·· 86

　　5.3.1　梁的创建 ······························· 86

　　5.3.2　梁的放置 ······························· 86

　　5.3.3　梁系统 ································· 90

　　5.3.4　实例详解 ······························· 92

　　5.3.5　结构梁族的创建 ························· 95

　5.4　结构墙 ·· 102

　　5.4.1　结构墙的创建 ··························· 102

　　　　二维码：墙体的创建 ····················· 102

　　　　二维码：墙体创建实例 ··················· 102

　　5.4.2　结构墙的放置 ························· 103

　　5.4.3　结构墙的修改 ························· 105

　5.5　结构楼板 ······································ 106

　　5.5.1　结构楼板的创建 ······················· 106

　　　　二维码：楼板的创建 ····················· 106

　　5.5.2　结构楼板的放置 ······················· 107

　　5.5.3　实例详解 ····························· 111

　　　　二维码：楼板实例 ······················· 111

　5.6　基础 ·· 117

　　5.6.1　独立基础 ····························· 117

5. 6. 2　条形基础　•••　119

5. 6. 3　基础底板　•••　122

5. 6. 4　基础实例详解•••　123

5. 6. 5　基础族的创建•••　125

思考题　•••　143

● 第6章　信息模型输出　　144

6. 1　漫游制作　••　144

6. 2　渲染设置　••　149

6. 3　创建明细表　••　151

6. 4　创建图纸　••　153

思考题　•••　158

● 第7章　Navisworks 功能介绍　　159

7. 1　Navisworks 简介　••　159

7. 2　Navisworks 功能特点　•••　159

7. 3　Navisworks 功能实现框架　••••••••••••••••••••••••••••••••••••••　161

7. 4　Navisworks 的开发功能　•••　162

7. 4. 1　基于 COM 开发•••　162

7. 4. 2　基于 . NET 开发••　164

7. 4. 3　基于 NWCreate 开发　••••••••••••••••••••••••••••••••••••　165

7. 4. 4　Navisworks API 组件　••••••••••••••••••••••••••••••••••••　165

7. 5　Navisworks 的可视化功能　•••••••••••••••••••••••••••••••••••••••　165

7. 5. 1　Navisworks 可视化设计方案　•••••••••••••••••••••••••••••　166

7. 5. 2　Navisworks 可视化功能实现过程　•••••••••••••••••••••••••　166

7. 6　Navisworks 施工可视化应用　••••••••••••••••••••••••••••••••••••　169

思考题　•••　171

● 第8章　BIM 管理应用　　172

8. 1　建筑工程设计阶段••　172

8. 1. 1　建筑工程设计阶段现状　•••••••••••••••••••••••••••••••••••　172

8. 1. 2　BIM 管理技术在建筑工程设计阶段的优势　•••••••　173

8. 1. 3　设计阶段 BIM 管理应用内容•••••••••••••••••••••••••••••••　174

8. 1. 4　设计阶段 BIM 管理应用技术手段　•••••••••••••••••••••••••　176

8. 1. 5　设计阶段 BIM 管理应用流程优化　•••••••••••••••••••••••••　178

8. 2　招投标与合同管理••　179

8. 2. 1　BIM 技术在工程招投标中的优势　•••••••••••••••••••••••••　179

8. 2. 2　应用 BIM 技术进行工程招投标的意义　•••••••••••••　180

  8.2.3 BIM 应用在工程招投标中的困难 ·················· 181

  8.2.4 BIM 在工程招标阶段的应用 ···················· 182

  8.2.5 BIM 在工程投标阶段的应用 ···················· 183

 8.3 成本管理 ·· 184

  8.3.1 传统成本管理方法概述 ························· 184

  8.3.2 BIM 技术应用于成本管理的优势 ·············· 185

  8.3.3 成本管理 ···································· 187

 8.4 进度管理 ·· 190

  8.4.1 进度管理现状 ································· 190

  8.4.2 进度管理 BIM 技术优势 ······················ 190

  8.4.3 进度管理 BIM 技术应用 ······················ 191

 8.5 质量管理 ·· 194

  8.5.1 传统施工质量管理概述 ························· 194

  8.5.2 BIM 技术对人、机、料、法、环的影响 ········ 195

  8.5.3 基于 BIM 的工程质量管理组织设计 ·············· 196

  8.5.4 基于 BIM 的质量管理应用过程 ················ 196

  8.5.5 BIM 技术在质量管理中的典型应用 ············· 198

 8.6 施工安全管理 ·· 200

  8.6.1 传统模式下建筑工程安全管理应对措施 ········ 200

  8.6.2 基于 BIM 的建筑施工安全管理的组织结构 ······ 201

  8.6.3 基于 BIM 的施工安全影响因素分类 ············· 202

  8.6.4 BIM 技术在安全管理的主要应用 ·············· 203

 思考题 ··· 204

参考文献   **205**

第1章 绪 论

1.1 BIM 的定义及特点

1.1.1 BIM 的定义

BIM 是建筑信息模型（Building Information Modeling）的简称，《建筑信息模型应用统一标准》GB/T 51212—2016 中规定：建筑信息模型是，在建设工程及设施全生命期内，对其物理和功能特性进行数字化表达，并依此设计、施工、运营的过程和结果的总称。BIM 技术是一种应用于工程设计、建造、管理的数据化工具，通过对建筑

BIM 的基本概念、特征及其发展

进行数据化、信息化模型整合，便于建筑信息在项目策划、施工和维护的全生命周期过程中进行共享和传递，便于工程技术人员对各种建筑信息作出正确理解和高效应对，为设计、施工、运营单位在内的各方建设主体提供协同工作的基础。BIM 技术的应用，在提高生产效率、节约成本和缩短工期方面发挥了重要作用。

美国国家 BIM 标准（NBIMS）对 BIM 的定义：

① BIM 是一个设施（建设项目）物理和功能特性的数字表达；

② BIM 是一个共享的知识资源，是一个有关这个设施的信息，为该设施从概念到拆除的全生命周期中的所有决策提供可靠依据的过程；

③ 在设施的不同阶段，不同利益相关方通过在 BIM 中插入、提取、更新和修改信息，以支持和反映其各自职责的协同作业。

1.1.2 BIM 的特点

（1）可视化

可视化即"所见即所得"的形式。可视化在建筑业中的作用是非常大的，例如施工图纸，只是各个构件的信息在图纸上采用线条绘制表达的，但是真正的构造形式就需要建筑业从业人员自行想象了。BIM 提供了可视化的思路，将以往的线条式的构件变成一种 3D 的立体实物图形展示在人们的面前。建筑业中也有设计方面的效果图，但是这种效果图不含有除构件的大小、位置和颜色以外的其他信息，缺少不同构件之间的互动性和反馈性。而 BIM 的可视化是一种能够同构件之间形成互动性和反馈性的可视化，由于整个过程都是可视化的，可视化的结果不仅可以用效果图展示及报表生成，更重要的是，项目设计、建造、运营过程中的沟通、讨论、决策都在可视化的状态下进行。

(2) 协调性

协调是建筑业中的重点工作，不管是施工单位，还是业主及设计单位，都在做着协调及相配合的工作。一旦项目的实施过程中遇到了问题，就要将各有关人员组织起来开协调会，找到施工问题发生的原因及解决办法，然后作出设计变更并提出相应补救措施等来解决问题。在设计时，往往由于各专业设计师之间的沟通不到位，出现各种专业之间的碰撞问题。例如暖通等专业中的管道在进行布置时，由于施工图纸是不同专业绘制在各自的施工图纸上的，在真正施工过程中，可能正好有结构设计的梁等构件在此阻碍管线的布置，像这样的碰撞问题，只能在问题出现后再进行解决。BIM 的协调性可以帮助处理这种问题，也就是说 BIM 可在建筑物建造前期对各专业的碰撞问题进行协调，生成协调数据，并提供出来。当然，BIM 的协调作用并不是只能解决各专业间的碰撞问题，它还可以解决例如电梯井布置与其他设计布置及净空要求的协调、防火分区与其他设计布置的协调、地下排水布置与其他设计布置的协调等。

(3) 模拟性

BIM 并不是只能模拟建筑物实体，例如，在设计阶段，BIM 可以进行节能模拟、紧急疏散模拟、日照模拟、热能传导模拟等；在招投标和施工阶段可以进行 4D 模拟（3D 模型加项目的发展时间），也就是根据施工的组织设计模拟实际施工，从而确定合理的施工方案来指导施工，同时还可以进行 5D 模拟（基于 4D 模型加造价控制），从而实现成本控制；后期运营阶段可以模拟日常紧急情况的处理方式，如地震时人员逃生模拟及火灾时人员疏散模拟等。

(4) 优化性

事实上，整个设计、施工、运营的过程就是一个不断优化的过程。优化受三种因素的制约：信息、复杂程度和时间。没有准确的信息，就做不出合理的优化结果，而 BIM 模型提供了建筑物的信息，包括几何信息、物理信息、规则信息。现代建筑物的复杂程度大多超过参与人员本身的能力极限，BIM 技术及与其配套的各种优化工具提供了对复杂项目进行优化的可能。

(5) 可出图性

BIM 不仅能绘制常规的建筑设计图纸及构件加工图纸，还能通过对建筑物进行可视化展示、协调、模拟、优化，出具各专业图纸及深化图纸，使工程表达更加详细。

1.2 BIM 软件的类型

(1) BIM 核心建模软件

① Autodesk 公司的 Revit 建筑、结构和机电系列。它在国内民用建筑市场占有很大的市场份额。

② Bentley 公司的建筑、结构和设备系列。Bentley 系列产品在工业设计（石油、化工、电力、医药等）和市政基础设施（道路、桥梁、水利等）领域，具有无可争辩的优势。

③ Nemetschek、GraphiSoft 公司的 ArchiCAD、AllPLAN、Vectorworks。其中，ArchiCAD 作为一款最早的、具有一定市场影响力的 BIM 核心建模软件，最为国内同行熟悉，但其定位过于单一（仅限于建筑学专业），与国内"多专业一体化"的设计院体制不匹配，市场较小。

④ Dassault 公司的 CATIA 以及 Gery Technology 公司的 Digital Project。其中，CATIA 是机械设计制造软件，在航空、航天、汽车等领域占据垄断地位，且其建模能力、表现能力和信息管理能力，均比传统建筑类软件更具明显优势，但其与工程建设行业尚未顺畅对接。Digital Project 则是在 CATIA 基础上开发的一款专门面向工程建设行业的应用软件（即二次开发软件）。

在软件选用上建议如下：

① 单纯民用建筑（多专业）设计，可用 Autodesk Revit；

② 工业或市政基础设施设计，可用 Bentley；

③ 建筑设计，可选择 ArchiCAD、Revit 或 Bentley；

④ 所设计项目严重异形、购置预算又比较充裕的，可选用 Digital Project 或 CATIA。

充分顾及项目业主和项目组关联成员的相关要求，这也是在确定 BIM 技术路线时需要考虑的要素。

（2）BIM 可持续（或绿色）分析软件

可持续分析软件可使用 BIM 信息，对项目进行日照、风环境、热工、景观可视度、噪声等方面的分析和模拟。主要软件有国外的 Ecotect、IES Virtual Environment（VE）、Green Building Studio 以及国内的 PKPM 等。

（3）BIM 机电分析软件

水暖电或电气分析软件，国内产品有鸿业、博超等，国外产品有 Design Master、IES VE、Trane Trace 等。

（4）BIM 结构分析软件

结构分析软件是目前与 BIM 核心建模软件配合度较高的产品，基本上可实现双向信息交换，即结构分析软件可使用 BIM 核心建模软件的信息进行结构分析，分析结果对于结构的调整，又可反馈到 BIM 核心建模软件中去，自动更新 BIM 模型。国外结构分析软件有 ETABS、STAAD、Robot 等，国内有 PKPM，均可与 BIM 核心建模软件配合使用。

（5）BIM 深化设计软件

Xsteel 作为目前最具影响力的基于 BIM 技术的钢结构深化设计软件，可使用 BIM 核心建模软件提交的数据对钢结构进行面向加工、安装的详细设计，即生成钢结构施工图（加工图、深化图、详图）、材料表、数控机床加工代码等。

（6）BIM 模型综合碰撞检查软件

模型综合碰撞检查软件基本功能包括集成各种三维软件（BIM 软件、三维工厂设计软件、三维机械设计软件等）创建的模型、3D 协调、4D 计划、可视化、动态模拟等，也属于一种项目评估、审核软件。常见模型综合碰撞检查软件有 Autodesk Navisworks、Bentley Navigator 和 Solibri Model Checker 等。

（7）BIM 造价管理软件

造价管理软件利用 BIM 提供的信息进行工程量统计和造价分析。它可根据工程施工计划动态提供造价管理需要的数据，亦即所谓 BIM 技术的 5D 应用。国外 BIM 造价管理软件有 Innovaya 和 Solibri，广联达、鲁班则是国内 BIM 造价管理软件的代表。

（8）BIM 运营管理软件

美国国家 BIM 标准委员会认为，一个建筑物完整生命周期中 75％ 的成本发生在运营阶段（使用阶段），而建设阶段（设计及施工）的成本只占 25％。因此，BIM 为建筑物运营管理阶段提供服务，将是 BIM 应用的重要推动力和主要工作目标。BIM 运营管理软件中，Archibus 是设备运维管理系统，FacilityONE 是空间管理、运维管理和资产管理的一体化设施管理系统。

（9）二维绘图软件

从 BIM 技术发展前景来看，二维施工图应该只是 BIM 其中的一个表现形式或一个输出功能而已，不再需有专门二维绘图软件与之配合。但是国内目前情形下，施工图仍然是工程建设行业设计、施工及运营所依据的具有法律效应的文件，而 BIM 软件的直接输出结果，还不能满足现阶段对于施工图的要求，故二维绘图软件仍是目前不可或缺的施工图生产工具。在国内市场较有影响的二维绘图软件平台主要有 Autodesk 的 AutoCAD、Bentley 的 MicroStation。

（10）BIM 成果发布审核软件

常用 BIM 成果发布审核软件包括 Autodesk Design Review、Adobe PDF 和 Adobe 3D PDF。发布审核软件把 BIM 成果发布成静态的、轻型的、包含大部分智能信息的、不能编辑修改但可标注审核意见的、更多人可访问的格式（如 DWF、PDF、3D PDF 等），供项目其他参与方进行审核或使用。

1.3 我国 BIM 行业现状

1.3.1 BIM 相关政策背景

BIM 技术快速发展，已经被越来越多的单位和个人接受认可，国家各相关部门和部分地方政府也陆续出台了 BIM 相关政策。部分列举如下。

（1）中华人民共和国住房和城乡建设部

2011 年 5 月 10 日发布《2011—2015 年建筑业信息化发展纲要》，提出了"十二五"期间，基本实现建筑企业信息系统的普及应用，加快建筑信息模型（BIM）、基于网络的协同工作等新技术在工程中的应用，推动信息化标准建设，促进具有自主知识产权软件的产业化，形成一批信息技术应用达到国际先进水平的建筑企业。

2013 年 8 月 29 日发布《关于征求关于推进 BIM 技术在建筑领域应用的指导意见（征求意见稿）意见的函》，提出了 2016 年以前政府投资的 2 万平方米以上大型公共建筑以及省报绿色建筑项目的设计、施工采用 BIM 技术；截至 2020 年，完善 BIM 技术应用标准、实施指南，形成 BIM 技术应用标准和政策体系；在有关奖项，如全国优秀工程勘察设计奖、鲁班奖（国家优质工程奖）及各行业、各地区勘察设计奖和工程质量最高奖的评审中，设计应用 BIM 技术的条件。

2014 年 7 月 1 日发布《住房城乡建设部关于推进建筑业发展和改革的若干意见》，提出了推进建筑信息模型（BIM）等信息技术在工程设计、施工和运行维护全过程的应用，提高综合效益。探索开展白图代替蓝图、数字化审图等工作。

2015 年 6 月 16 日发布《关于推进建筑信息模型应用的指导意见》提出了：

① 到 2020 年末，建筑行业甲级勘察、设计单位以及特级、一级房屋建筑工程施工企业应掌握并实现 BIM 与企业管理系统和其他信息技术的一体化集成应用。

② 到 2020 年末，以下新立项项目勘察设计、施工、运营维护中，集成应用 BIM 的项目比率达到 90%：以国有资金投资为主的大中型建筑；申报绿色建筑的公共建筑和绿色生态示范小区。

（2）广东省住房和城乡建设厅

2014 年 9 月 3 日发布《关于开展建筑信息模型 BIM 技术推广应用工作的通知》提出：

① 到 2014 年底，启动 10 项以上 BIM 技术推广项目建设；

② 到 2015 年底，基本建立广东省 BIM 技术推广应用的标准体系及技术共享平台；

③ 到 2016 年底，政府投资的 2 万平方米以上的大型公共建筑以及申报绿色建筑项目的设计、施工应当采用 BIM 技术，省优良样板工程、省新技术示范工程、省优秀勘察设计项目在设计、施工、运营管理等环节普遍应用 BIM 技术；

④ 到 2020 年底，全省建筑面积 2 万平方米及以上的建筑工程普遍应用 BIM 技术。

（3）最新相关政策

2020 年 7 月 3 日，中华人民共和国住房和城乡建设部联合中华人民共和国国家发展和改革委员会、中华人民共和国科学技术部、中华人民共和国工业和信息化部、中华人民共和国人力资源和社会保障部、中华人民共和国交通运输部、中华人民共和国水利部等十三个部门联合印发《关于推动智能建造与建筑工业化协同发展的指导意见》。意见提出：加快推动新一代信息技术与建筑工业化技术协同发展，在建造全过程加大建筑信息模型（BIM）、互联网、物联网、大数据、云计算、移动通信、人工智能、区块链等新技术的集成与创新应用。

2020 年 8 月 28 日，中华人民共和国住房和城乡建设部、中华人民共和国教育部、中华人民共和国科学技术部、中华人民共和国工业和信息化部等九部门联合印发《关于加快新型建筑工业化发展的若干意见》。意见提出：大力推广建筑信息模型（BIM）技术。加快推进 BIM 技术在新型建筑工业化全寿命期的一体化集成应用。充分利用社会资源，共同建立、维护基于 BIM 技术的标准化部品部件库，实现设计、采购、生产、建造、交付、运行维护等阶段的信息互联互通和交互共享。试点推进 BIM 报建审批和施工图 BIM 审图模式，推进与城市信息模型（CIM）平台的融通联动，提高信息化监管能力，提高建筑行业全产业链资源配置效率。

1.3.2　我国建筑信息化的时代背景

建筑行业是最需要被互联网变革的行业之一，建筑行业的数据是庞大的，需要数据服务的变革提升建筑行业管理和企业管理问题。随着信息化技术和水平的提升，BIM、大数据、物联网、移动技术、云计算等的综合运用，可以帮助建筑行业打破原来的传统发展模式。

2022 年 10 月，中国共产党第二十次全国代表大会上的报告中指出，建设现代化产业体系。坚持把发展经济的着力点放在实体经济上，推进新型工业化，加快建设制造强国、质量强国、航天强国、交通强国、网络强国、数字中国。实施产业基础再造工程和重大技术装备攻关工程，支持专精特新企业发展，推动制造业高端化、智能化、绿色化发展。巩固优势产业领先地位，在关系安全发展的领域加快补齐短板，提升战略性资源供应保障能力。推动战略性新兴产业融合集群发展，构建新一代信息技术、人工智能、生物技术、新能源、新材料、高端装备、绿色环保等一批新的增长引擎。构建优质高效的服务业新体系，推动现代服务业同先进制造业、现代农业深度融合。加快发展物联网，建设高效顺畅的流通体系，降低物流成本。加快发展数字经济，促进数字经济和实体经济深度融合，打造具有国际竞争力的数字产业集群。优化基础设施布局、结构、功能和系统集成，构建现代化基础设施体系。

信息化技术促进建筑业高质量发展。建筑信息模型（BIM）技术有利于打造数字化、网络化、智能化的创新型建设项目，对我国建筑业的高质量发展有助推作用。

（1）建筑信息化对现代化人才的要求

我国经济要靠实体经济作支撑，而建筑行业是重要的经济支柱，建筑行业正处于信息化变革之中，需要大量专业技术人才，需要大批"大国工匠"。不论是传统制造业还是新兴制造业，不论是工业经济还是数字经济，高技能人才始终是中国制造业的重要力量，建筑行业信息化需要高技能人才发挥"工匠精神"——敬业、精益、专注、创新，推动建筑行业信息化不断完善。

建筑信息化时代下的大国工匠精神

（2）BIM 技术的实际应用

2020 年，武汉，一场突如其来的疫情席卷全城，新型冠状病毒迅速蔓延，拉响了警报。危急时刻，在"BIM＋装配式"技术的推动下，经过 10 天日夜酣战，武汉火神山医院正式交付使用。采用装配式集装箱式的病房板房在工厂生产后直接在现场拼装，极大提高了建造速度。而运用 BIM 技术则是装配式建筑的标配，采用 BIM 可以更加轻松地建立构件库和实现模块化设计。

火神山医院的建设中，BIM 技术的应用有三大关键点优势：项目精细化管理、仿真模拟对建筑性能的优化、参数化设计及可视化管控。BIM 技术的应用，保证了施工质量、缩短了工期进度、节约了成本、降低了劳动力成本和减少了废物排放。医院建设初期，利用 BIM 技术提前进行场布及各种设施模拟，按照医院建设的特点，对采光管线布置、能耗分析等进行优化模拟，确定最优建筑方案和施工方案。所有关于参与者、建筑材料、建筑机械、规划和其他方面的信息都被纳入建筑信息模型中。参数化设计、构件化生产、装配化施工、数字化运维，使项目的全生命周期都处于数字化管控之下。

可见 BIM 技术在建筑行业中的表现是如此优秀！在火神山医院建设的整个过程中，BIM 技术快速输出整体建设方案，避免了后期返工整改，缩短工期。再加上装配式建筑技术，采用集装箱活动板房，结构整体性好，安装便捷，大大加快了施工进度。

（3）工程职业伦理和爱国精神的塑造

中国人民素来有着深沉厚重的精神追求，具有伟大的梦想精神，即使近代以来饱尝屈辱和磨难，也绝不自甘沉沦，而是始终把爱国爱民的志向与民族复兴的梦想统一起来，追求光明美好的未来，在土木工程领域，创造了许多令世人称叹的成功工程。

BIM 技术是建筑行业发展至信息化时期的重要技术，是土木工程、工程造价、工程管理等专业实现"工匠精神"的重要抓手，体现了信息化时代对"工匠"技术的基本要求。

思考题：

1. 分析我国 BIM 市场发展情况及在世界所处的地位。

2. 火神山、雷神山的建设之迅速，有目共睹，请分析 BIM 技术在建设中发挥的作用。

3. 请查阅资料，举例我国应用 BIM 技术的工程案例有哪些？并说明 BIM 技术应用在工程哪些方面，带来了怎样的优化？

留下你的答案吧

| 第 2 章 | BIM 建模环境

2.1 BIM 硬件环境配置

BIM 建模软件
及建模环境

　　硬件和软件是一个完整的计算机系统互相依存的两大部分。当我们确定了使用的 BIM 软件之后，需要考虑的就是应该如何配置硬件。BIM 基于三维的工作方式，对硬件的计算能力和图形处理能力提出了较高的要求。就最基本的项目建模来说，BIM 建模软件相比较传统二维的 CAD 软件，在计算机配置方面，需要着重考虑 CPU、内存和显卡的配置。

（1）CPU

　　CPU 即中央处理器，是计算机的核心，推荐拥有二级或三级高速缓冲存储器的 CPU。采用 64 位 CPU 和 64 位操作系统对提升运行速度有一定的作用。多核系统可以提高 CPU 的运行效率，在同时运行多个程序时速度更快，即使软件本身并不支持多线程工作，采用多核也能在一定程度上优化其工作表现。

（2）内存

　　内存是与 CPU 沟通的桥梁，关系着计算机的运行速度。越大越复杂的项目会越占内存，一般计算机内存的大小应最少是项目所需内存的 20 倍。推荐采用 8GB 或 8GB 以上的内存。

（3）显卡

　　显卡对模型表现和模型处理来说很重要，越高端的显卡，三维效果越逼真，图面切换越流畅。应避免使用集成式显卡，独立显卡显示效果和运行性能也更好。一般显存容量不应小于 512MB。

（4）硬盘

　　硬盘的转速对系统也有影响，一般来说是越快越好，但其对软件工作表现的提升作用没有前三者明显。

　　关于软件对硬件的要求，软件厂商都会有推荐的硬件配置要求，但从项目应用 BIM 的角度出发，需要考虑的不仅仅是单个软件产品的配置要求，还需要考虑项目的大小、复杂程度、BIM 的应用目标、团队应用程度和工作方式等。对于一个项目团队，可以根据每个成员的工作内容，配备不同的硬件，形成阶梯式配置。比如，单专业的建模可以考虑较低的配置，而对于专业模型的整合就需要较高的配置，某些大数据量的模拟分析可能需要的配置会更高。若采用网络协同工作模式，则还需设置中央服务器。

2.2　参数化设计的概念与方法

参数化建模是指随着图形引擎技术的成熟，图元被组合在一起用来表示设计元素（墙壁、孔等）。借助软件，模型变得"更加智能"。曲面和实体建模器为元素带来了更多智能特性，并支持创建复杂的造型。之后，就出现了参数化建模引擎，它使用参数（特性数值）来确定图元的行为并定义模型组件之间的关系。参数化建筑模型融合了设计模型（几何图形和数据）和行为模型（变更管理）。整个建筑模型和全套设计文档存储在一个综合数据库中，其中所有内容都是参数化的并且所有内容都是相互关联的。参数化建筑建模可以捕捉真正的设计本质——设计师的意图。除了可以使用户更好地利用软件创建建筑外，简化的参数化编辑功能支持用户更彻底地检查设计，从而实现更出色的建筑设计。在参数化建筑模型中，用来支持设计分析的大量数据都是在项目设计推进过程中自然而言地加以捕捉的。这种模型包含必要级别的详细信息和可靠性，用于在设计初期执行分析，使设计师可以为其自己的基准能源分析直接执行例行分析——在设计初期即时提供有关设计备选方案的反馈。

2.3　BIM 建模流程

2.3.1　制订实施计划

（1）确定模型创建精度

BIM 是根据美国建筑师学会（American Institute of Architects，AIA）使用的模型详细等级（Level of Detail，LOD）来定义模型中构件的精度的。BIM 构件的详细等级共分如下 5 级：100，概念性；200，近似几何（方案、初设及扩初）；300，精确几何（施工图及深化施工图）；400，加工制造；500，建成竣工。

（2）制订项目实施目标

指导施工；达到符合 BIM 等级标准的碰撞检测与管线综合；工程算量；可视化；四维施工建造模拟；五维施工建造模拟。

（3）划定项目拆分原则

按楼层拆分；按构件拆分；按区域拆分。例如某项目可划分为三个部分：地库、裙房、塔楼，考虑到项目规模较为庞大，基于控制数据量的考虑，建筑、结构、机电三个专业的模型将分别创建，即最终将会产生九个模型，分别是：建筑专业的地库、裙房、塔楼模型；结构专业的地库、裙房、塔楼模型；机电专业的地库、裙房、塔楼模型。

（4）配备人员分工

一般对于 BIM 团队人员的任务分配可有两种选择：一是在人员充足的情况下根据项

目分配工作；二是在人员不足的情况下根据现有人员配备分配工作。分配工作时应尽可能考虑完善的专业、工种和岗位配备，包括土建、机电、算量（造价）、可视化、内装、管理、园林、景观、市政（道路、桥梁）、规划、钢构以及可能存在的深化设计人员。

（5）选定协作方式

根据不同项目规模和复杂难易程度来决定各个相同专业和不同专业模型之间的协作方式。小型项目：一个土建模型＋一个机电模型；中等项目：一个建筑模型＋一个结构模型＋一个机电模型；大型项目：多个建筑模型＋多个结构模型＋多个机电模型（或机电三专业拆分模型）；超大型项目：多个建筑模型＋多个结构模型＋多个暖通模型＋多个给排水模型＋多个电气模型。

（6）定制项目样板

分别创建各专业的项目样板。其中，机电样板尤为复杂，需要机电三专业，即水、暖、电的工程师事先分别统计出各自专业在本项目中的管线系统种类与数量，以及这些管线系统分布在哪几种类型的图纸中，然后按照这些统计好的信息先创建机电各专业对应的视图种类和架构；再创建机电各专业的管线系统，其中暖通与给排水专业可以在风管系统和管道系统中分别进行创建，而电气专业则需要对桥架及相关构件分别命名创建；接着设置机电各专业的视图属性与视图样板；最后在过滤器中设置机电各专业的管线系统可见性与着色，完成整个机电样板文件的全部相关准备工作。

（7）创建工作集

首先创建建筑的项目样板文件，在该文件中将根据设计院提交的施工图创建相应的轴网与标高，然后基于此创建工作集并添加建筑专业模型到工作集中并生成中心文件。接着再创建结构的项目样板文件，在该文件中将首先链接创建的带有轴网、标高的项目样板文件（中心文件），然后通过"复制/监视"功能创建属于结构专业模型的轴网和标高并开设相关工作集，生成结构的中心文件。最后再创建机电专业项目样板文件，在该文件中将链接之前创建的带有轴网、标高的建筑中心文件，然后也通过"复制/监视"功能创建属于机电专业模型的轴网和标高并开设相关工作集，生成机电的中心文件。根据项目规模大小，工作集的数量和创建的人数应相应调整。

2.3.2　具体实施过程

（1）模型创建规则

分别确定建筑、结构和机电三个专业各自的模型具体创建范围。其中，建筑与结构两个专业的模型将采取不重复的原则来分别创建，即结构模型中创建了结构柱、剪力墙、结构楼板，那么建筑模型在创建时将不再重复创建这些模型。扣减原则：土建构件之间须避免交错重叠，以确保算量准确，例如墙体不穿过柱子和梁，楼板不穿过柱子、墙和梁等。专业交叠：土建构件与机电构件之间可能会存在一定的重叠创建，例如卫生洁具、机电管线穿越墙体开洞等。因此，需要在实施过程中明确重叠的构件由哪个专业来负责创建，避免重复工作和混乱。一般以合理为原则来进行创建，例如卫生洁具应由机电专业来创建；而墙体开洞则应该由建筑或结构专业来操作，机电专业只负责向土建专业提供开洞的数据信息。其他各专业如有交叠构件也以此类推来进行分工创建。

（2）实施细节

① 整理 DWG 文件。先整理好 DWG 文件，并单层保存导入至 Revit 中；将 DWG 文件导入 Revit 时，应勾选"仅当前视图"选项，以严格控制 DWG 文件在模型中的显示；建筑与结构专业应事先统计各自专业的构件，并由一人进行分类和类型预创建。例如，建筑专业应事先统计出构件门有几种类型，然后在门的类别下预先将这几种门的类型预制好，再同步至中心文件里。这样协同作业的其他人就不会重复去创建这些门的类型，可以直接使用预制好的门类型。其他诸如：墙、柱、梁、窗等相关构件也应按此原则预先进行统计和预制类型；设置视图范围，尤其是机电专业模型若最终要用于工程算量，则在创建时应根据算量软件。

② 实例。考虑到某些构件数量及种类较多，例如墙体，可以在平面视图中以填色的方式来区分不同类型或者材质的墙体。但在三维视图中不要填色，仍按灰度模式来显示墙体，以免在管线综合时影响机电管线的显示和观察。对于墙体之类的构件，可以创建一个色标来统计和展示其所对应的墙体类型。机电专业各系统管线必须要事先做好色标，通过不同色彩来表达不同系统的管线。平面视图中应以带色彩的线条来表达各系统管线，三维视图中应以实体填色的方式来表达各系统的管线，以便将来在管线综合中可以比较清晰地观察和展现。关于设计院提交的设计变更或者升版图纸的事宜，BIM 团队在创建模型的时候必须要订立一个规则：先依据设计院所提交的某一版施工图来集中建模，先生成第一版的 BIM，暂时忽略在此期间设计院提交的零星变更或升版图纸；待第一版的模型建完之后，保存一个备份再根据设计院提交的设计变更或者升版图纸进行修改和调整，生成第二版、第三版或后面几版的 BIM。这样一来，既可以保证模型创建进度，又可以避免频繁变更设计和修改图纸，从而保证施工单位 BIM 工作的节奏不被打乱，能够顺利推进。这可以极大地提升施工单位 BIM 团队所发挥的作用，同时彰显施工单位的技术能力，为今后的项目施工能够顺利实施和推进提供良好的前提条件。

2.4　BIM 建模软件 Revit

Revit 是一款 BIM 软件，可将所有建筑、工程和施工领域引入统一的建模环境，从而推动更高效、更具成本效益的项目。结合使用 Revit 与 BIM Collaborate Pro（一款功能强大且安全的基于云的协作和数据管理解决方案），项目团队可以随时随地协同工作。

Revit 软件在市场上具有很强竞争力，现今在建筑行业最多人使用的软件仍然是 Autodesk 发行的 AutoCAD，Autodesk 在 Revit 上的接口设计依循着 AutoCAD，让人觉得 Revit 和 AutoCAD 的版面配置和页签设计非常类似，因此不仅让刚接触的人对 Revit 多了一种亲切感，也帮助他们在转换到新软件时能快速上手。

Autodesk Revit 系列包含了 Revit Architecture、Revit Structure、RevitMEP，专为不同领域分别设计。Revit 的交互操作性佳，除了能汇入且编辑 AutoCAD 的 dwg 格式及 Google Skechup 的 skp 格式外，亦支持 BIM 常见的 IFC 标准格式。又如进行耗能分析、风力分析的 gbXML 格式，或是其他外挂功能使整个 Revit 系列产品功能更完整。

Revit 除了简单的操作接口外，有详细和实用的档案和教学资料，欲学习 Revit 的使用者可以从许多渠道获得信息，以 revitcity.com 为例，内有数千个网站会员所自制的或是第三方软件所提供的构件（或者族），像是机电管线或家具构件（或者族），可以轻易下载并汇入到 Revit，同时 Revit 有自己的构件（或者族）库，大致可涵盖许多项目使用的构件（或者族）。

　　Revit 的建筑模型里，不仅包含 2D 建筑物图纸，还包含施工等其他集结而成的信息，信息以数据库的形式储存，取代传统图纸档案等的 CAD 文件。Revit 的另一特色是只要模型里的任何对象经过修改会自动调整，因此具有交互关联性。在模型里改变对象会实时反映到整个项目的其他窗口上，举例来说，在 3D 模型窗口为室内墙面新增一开口，亦可以在平面图及立面图窗口中看见同一个开口。

　　Revit 提供了完整的 API，称为 Revit Platform API，此 API 支持 Revit Architecture、Revit Structure 和 Revit MEP 等软件，开发人员可将 Revit Platform API 开发应用程序与 Revit 进行整合。Revit Platform API 采用 .NET Framework 架构，因此允许开发人员编译任何 .NET 所支持的程序语言，包含 Visual Basic.NET、C♯ 及 C＋＋/CLI。

思考题：

留下你的答案吧

　　1. Revit 中的构件可以根据哪几个层级进行分类？

　　2. Revit 适用哪些结构或构件的建模？

　　3. Revit 中，如何新建材质库？

第3章 Revit 简介

3.1 Revit 基本术语

项目和项目样板、类型属性和实例属性

3.1.1 样板

当打开 Revit 准备建模的时候，首先需进行样板文件的选择。点击项目下的新建按钮，就会弹出样板文件的选择框。

Revit 共包含了构造样板、建筑样板、结构样板、机械样板以及无这五种样板文件。样板文件扩展名为“. rte”，如图 3-1 所示。

项目样板包括视图样板、已载入的族、已定义的设置（如单位、填充样式、线样式、线宽、视图比例等）和几何图形。如果把一个 Revit 项目比作一张图纸，那么样板文件就是制图规范，样板文件中规定了这个 Revit 项目中各个图元的表现形式。

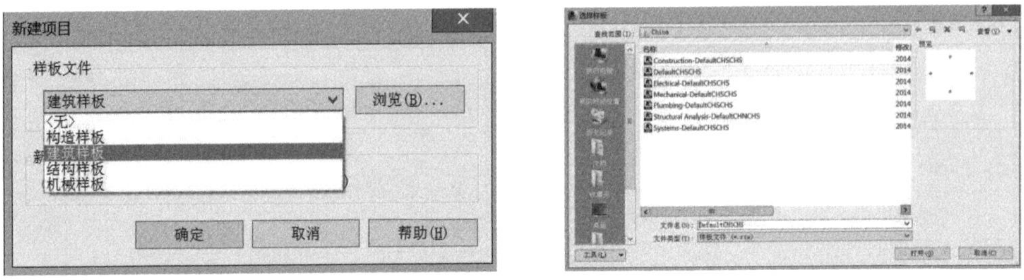

图 3-1　界面

3.1.2 项目

在 Revit 中，项目（图 3-2）是单个建筑信息模型的设计信息数据库，包含了建筑从几何图形到构造数据的所有设计信息。这些信息包括用于设计模型的构件、项目视图和设计图纸。通过使用单个项目文件，Revit 可以轻松地修改设计，还可以使修改反映在所有关联区域（平面视图、立面视图、剖面视图、明细表等）中。

3.1.3 组

当需要创建重复布局或需要许多建筑项目实体时，对图元进行分组非常有用。项目或

图 3-2　项目

族中的图元成组后，可多次放置在项目或族中。

　　保存 Revit 的组为单独的文件，只能保存为".rvt"格式，需要用到组时可使用插入选项卡下的"作为组载入"命令，如图 3-3 所示。

图 3-3　组

3.1.4　族

　　族是一个包含通用属性集和相关图形表示的图元组。所有添加到 Revit 项目中的图元（构成建筑模型的结构构件、墙、屋顶、窗、详图索引、标记等）都是使用族创建的。

3.1.4.1　族与组的区别

　　族编辑器允许用户根据项目自定义所需要的族，以高效准确地完成项目的模型建设，Revit 模型是由族构成的，里面的墙、柱、管线等，包括标注都是族。

　　组是指将多个图元或者详图组合成一个整体，使其可以进行统一的修改、移动、保存、载入等操作。包括模型组和详图组。

3.1.4.2　Revit 包含的三种族

（1）可载入族

　　使用族样板".rft"文件在项目外创建的".rfa"文件，可以载入到项目中，具有高度可自定义的特征，因此可载入族是用户最经常创建和修改的族，如图 3-4 所示。

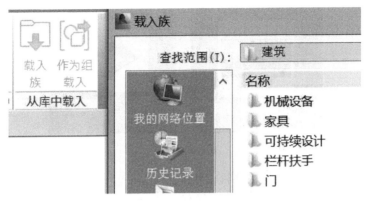

图 3-4　可载入族

（2）系统族

系统族是在 Revit 中预定义的族，包含基本建筑构件，如墙、窗和门。例如基本墙系统族包含定义内墙、外墙、基础墙、常规墙和隔断墙样式的墙类型。可以复制和修改现有系统族，但不能创建新系统族。

（3）内建族

内建族可以是特定项目中的模型构件，也可以是注释构件。只能在当前项目中创建内建族，因此它们仅可用于该项目中特定的对象，例如自定义墙的处理。创建内建族时，可以选择类别，且使用的类别将决定构件在项目中的外观和显示控制，如图 3-5 所示。

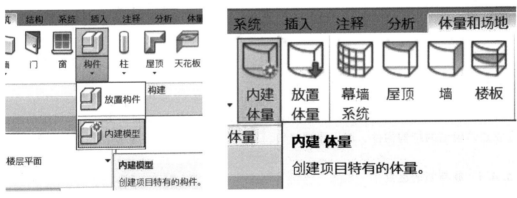

图 3-5　内建族

3.1.5　图元

在创建项目时，可以向设计中添加参数化建筑图元。Revit 按照类别、族和类型对图元进行分类，以柱为例，如图 3-6 所示。

类别：一组用于对建筑设计进行建模或记录的图元。比如，墙、梁、门、窗、柱等这些都是单独以类别划分。

族：族是图元的基础形态，当族创建完成，载入到项目文件中，具有实际意义后，族也就被称为图元。具体地说，图元与族是一个内容的两种不同的称呼，只是图元具有更广泛的概念性意义。

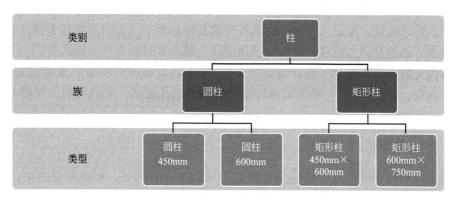

图 3-6　图元

　　类型：每一个族都可以拥有多个类型。类型可以是族的特定尺寸，例如 400mm×400mm 的矩形柱。类型也可以是样式，例如尺寸标注的默认对齐样式或默认角度样式。

　　实例：实例是放置在项目中的实际项（单个图元），它们在建筑（模型实例）或图纸（注释实例）中都有特定的位置。

　　Revit 在项目中使用 3 种类型的图元，如图 3-7 所示：模型图元、基准图元和视图专有图元。Revit 中的图元也称为族。族包含图元的几何定义和图元所使用的参数。图元的每个实例都由族定义和控制。模型图元表示建筑的实际三维几何图形，包括如下：墙、窗、门和屋顶，结构墙、楼板、坡道，水槽、锅炉、风管、喷水装置和配电盘等。基准图元可帮助定义项目上下文，例如：轴网、标高和参照平面都是基准图元。视图专有图元只显示在放置这些图元的视图中，它们可帮助对模型进行描述或归档，尺寸标注是视图专有图元。

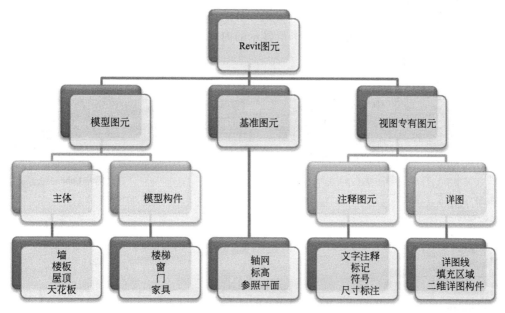

图 3-7　Revit 图元

　　模型图元有 2 种类型：主体（或主体图元）通常在构造场地在位构建；模型构件是建筑模型中其他所有类型的图元。

视图专有图元有 2 种类型：注释图元是对模型进行归档并在图纸上保持比例的二维构件。例如，尺寸标注、标记、文字注释和符号都是注释图元。详图是在特定视图中提供有关建筑模型详细信息的二维项。示例包括详图线、填充区域和二维详图构件。

这些图元为设计者提供了设计灵活性。Revit 图元设计可以由用户直接创建和修改，无需进行编程。在 Revit 中，绘图时可以定义新的参数化图元。它们可帮助对模型进行描述或归档。

3.1.6 类别和类型

类别是一组用于对建筑设计进行建模或记录的图元。例如，模型图元的类别包括家具、门窗、卫浴设备等；注释图元的类别包括标记和文字注释等。

类型用于表示同一族的不同参数（属性）值。如某个窗族"双扇平开-带贴面.raf"包含"900mm×1200mm""1200mm×1200mm""1800mm×900mm"三个不同类型。

3.2 Revit 界面介绍

在开始学习具体的软件命令之前，先熟悉一下软件界面，以及基本的操作流程。

Revit 的界面（图 3-8）和 Autodesk 公司其他产品的界面非常相似，例如 Autodesk AutoCAD、Autodesk Inventor 和 Autodesk 3DS Max，这些软件的界面都有个明显的特点，它们都是基于"功能区"的概念。功能区也可以看成是"固定式工具栏"，位于屏幕的上方，其中排列了多个选项卡，相关的命令按钮和工具条存放于特定的选项卡。在软件操作过程中，功能区选项卡所显示的内容，会随着选择内容的不同而随时变化。

软件的启动与
关闭、用户界面

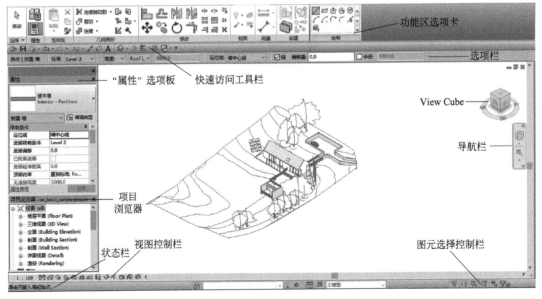

图 3-8 Revit 界面

3.2.1　应用程序菜单

应用程序菜单提供了基本的文件操作命令，包括新建、打开、保存、另存为、导出、打印等。单击软件界面左上角的"文件"，即可展开应用程序菜单下拉列表，如图 3-9 所示。

3.2.1.1　新建项目文件

单击"文件"，打开应用程序菜单，将光标移至"新建"按钮上，在展开的"新建"侧拉列表中单击"项目"按钮，在弹出的"新建项目"对话框中选择"建筑样板"，单击"确定"按钮。

图 3-9　应
用程序菜单

3.2.1.2　打开族文件

单击"文件"，打开应用程序菜单，将光标移动到"打开"按钮上，在展开的"打开"侧拉列表中单击"族"按钮，在弹出的"打开"对话框中，选择需要打开的族文件，单击"打开"按钮，如图 3-10 所示。

图 3-10　打开族文件

3.2.1.3　"选项"设置

单击"文件"，在展开的下拉列表中单击右下角"选项"按钮，弹出"选项"对话框，该对话框包括常规、用户界面、图形、文件位置、渲染、检查拼写、SteeringWheels、ViewCube、宏等选项卡。

（1）"常规"选项卡

主要用于对系统通知、用户名、日志文件清理、工作共享更新频率、视图选项等参数的设置。

保存提醒间隔：软件提醒保存最近对打开文件的更改频率。

"与中心文件同步"提醒间隔：软件提醒与中心文件同步（在工作共享时）的频率。

用户名：与软件的特定任务关联的标识符，用户名的设置是团队在进行协同工作时必不可少的步骤。

日志文件清理：系统日志清理间隔设置。

工作共享更新频率：软件更新工作共享显示模式频率设置。

视图选项：对视图默认的规程进行设置。

(2)"用户界面"选项卡

主要用于修改用户界面的行为。可以通过选择或清除建筑、结构、系统、体量和场地、能量分析和工具的复选框，控制用户界面中可用的工具和功能。也可以设置"最近使用的文件"界面是否显示，以及对快捷键进行设置等，如图 3-11 所示。

图 3-11 "用户界面"选项卡

自定义快捷键：可通过快捷键自定义功能，为 Revit 工具添加自定义快捷键，形成自己的操作习惯，以提高工作效率，如图 3-12 所示。

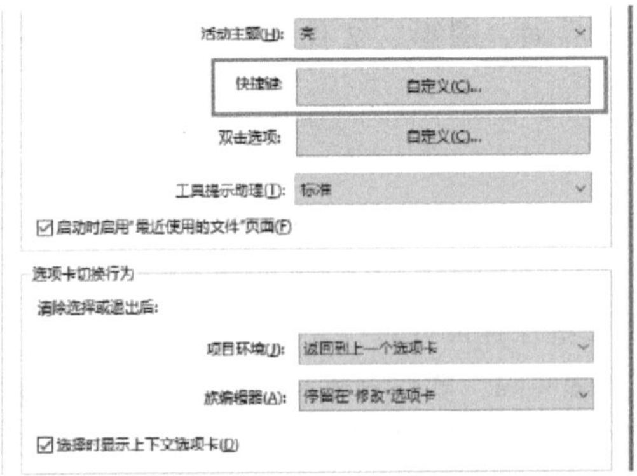

图 3-12 自定义快捷键

通过单击"快捷键"对话框中的"导出"按钮，可以将自定义的快捷键另存为文件"KeyboardShortcuts. xml"。当更换计算机或新安装软件需重设快捷键时，可单击"导入"

按钮把快捷键文件导入软件（提示：导入快捷键会弹出"提醒"对话框，选择覆盖即可）。

(3)"图形"选项卡

用于控制图形和文字在绘图区域中的显示。

反转背景色：勾选"反转背景色"复选框，界面将显示黑色背景。取消勾选"反转背景色"复选框，Revit 界面将显示白色背景。单击"选择""预先选择""警告"后的颜色值即可为选择、预先选择、警告指定新的颜色。

调整临时尺寸标注文字外观：在选择某一构件时，Revit 会自动捕捉周边其余相关图元或参照，并显示为临时尺寸，该项用于设置临时尺寸的字体大小和背景是否透明。

(4)"文件位置"选项卡

主要用于添加项目样板文件，改变用户文件默认位置，可以通过"↑"、"↓"、"➕""➖"按钮对样板文件进行上下移动或添加删除。也可通过单击"族样板文件默认路径"后的"浏览"按钮，在打开的"浏览文件夹"对话框中选择文件位置，单击"打开"按钮，改变用户文件默认路径。如图 3-13(a) 所示。

(5)"SteeringWheels"选项卡

主要用于对 SteeringWheels 视图导航工具进行设置，如图 3-13(b) 所示。

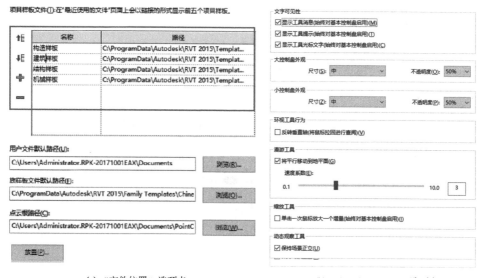

(a)"文件位置"选项卡　　　　　　(b)"SteeringWheels"选项卡

图 3-13　"文件位置"选项卡和"SteeringWheels"选项卡

文字可见性：对控制盘文字消息、工具提示、光标文字可见性进行设置。

控制盘外观：设置大、小控制盘的尺寸和不透明度。

环视工具行为：勾选"反转垂直轴"复选框，向上拖拽光标，目标视点升高；向下拖拽光标，目标视点降低。

漫游工具：勾选"将平行移动到地平面"复选框可将移动角度约束到地平面，取消选择该选项，漫游角度不受约束。

速度系数：用于控制移动速度。

缩放工具：勾选"单击一次鼠标放大一个增量"复选框，允许用户通过单次单击缩放视图。

动态观察工具：勾选"保持场景正立"复选框，视图的边将垂直于地平面。

3.2.2　快速访问工具栏

快速访问工具栏包含一组常用的工具，用户可根据命令使用频率，对该工具栏进行定义编辑，如图 3-14 所示。

图 3-14　快速访问工具栏

3.2.3　功能区选项卡

选项卡在 Revit 组织中是最高级的形式，其中包含了已经成组的功能，在功能区默认有 11 个选项卡，其中系统选项卡包含机械、电气和管道分析工具。用户可在"选项"对话框的"用户界面"选项卡中勾选要使用的"工具和分析"子项来控制相关选项卡的可见性，如图 3-15 所示。

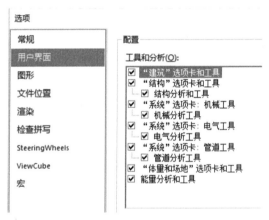

图 3-15　"用户界面"选项卡

（1）"建筑"选项卡

包含了创建建筑模型所需的大部分工具，由"构建"面板、"楼梯坡道"面板、"模型"面板、"房间和面积"面板、"洞口"面板、"基准"面板和"工作平面"面板组成，如图 3-16 所示。

图 3-16　"建筑"选项卡

当激活"建筑"选项卡的时候，其他选项卡不被激活，看不到其他选项卡中包含的面板，只有当单击其他选项卡的时候才会被激活。

① 在"工作平面"面板，使用""工具可以在平面视图中绘制参照平面，为设计提供基准辅助。参照平面是基于工作平面的图元，存在于平面空间，在二维视图中可见，在三维视图中不可见。为了使用方便，可命名参照平面，选择要设置名称的参照平面，在属性选项板"名称"里输入名字。

② Revit 中的每个面板都可以变为自由面板。例如，将光标放置在"楼梯坡道"面板的标题位置按住鼠标左键向绘图区域拖动，"楼梯坡道"面板将脱离功能区域。在屏幕适当位置松开鼠标，该面板将成为自由面板。此时，切换至其他选项卡，"楼梯坡道"面板仍然会显示在放置位置。将光标移动到"楼梯坡道"面板上时，自由面板会显示两侧边框，如图 3-17 所示。单击右上角的"▲"按钮可以使浮动面板返回到功能区，也可以拖拽左侧"⁞"按钮或标题位置到所需位置释放鼠标。

③ 面板标题旁的箭头表示该面板可以展开。例如，单击"房间和面积"面板标题旁的"▼"按钮，展开扩展面板，其隐含的工具会显示出来，如图 3-18 所示。单击扩展面板左下方"📌"按钮，扩展面板被锁定，始终保持展开状态。再次单击该按钮取消锁定，此时单击面板以外的区域时，展开的面板会自动关闭。

图 3-17　自由面板

图 3-18　展开扩展面板

④ 在选项卡名称所在行的空白区域，单击鼠标右键，勾选"显示面板标题"复选框以显示面板标题，如图 3-19 所示。

图 3-19　显示面板标题

⑤ 按键提示提供了一种通过键盘来访问应用程序菜单、快速访问工具栏和功能区的方式，按"Alt"键显示按键提示，如图 3-20 所示。继续访问"建筑"选项卡，按 A 键显示"建筑"选项卡所有命令的快捷方式，单击 Esc 键，隐藏按键提示。

图 3-20　"建筑"选项卡快捷键

功能区有 3 种显示模式，即最小化为面板按钮、最小化为面板标题、最小化为选项卡。单击功能区最右侧"▲▼"按钮，可在以上各种状态中进行切换。

（2）其他选项卡

① "结构"选项卡：包含了创建结构模型所需的大部分工具。

② "系统"选项卡：包含了创建机电、管道、给水排水所需的大部分工具。

③ "插入"选项卡：通常用来链接外部的文件，例如，链接 IFC、CAD 文件或者其他的 Revit 项目文件。从族文件中载入内容，可以使用"载入族"命令。"载入族"是通用的命令，在大多数编辑命令的上下文选项卡中都可以找到，如图 3-21 所示。

图 3-21 "插入"选项卡

④ "注释"选项卡：包含了很多必要的工具，这些工具可以实现注释、标记、尺寸标注或者其他的用于记录项目信息图形化的工具，如图 3-22 所示。

图 3-22 "注释"选项卡

⑤ "分析"选项卡：用于编辑能量分析的设置以及运行能量模拟，如 Green Building Studio，要求有 Autodesk 速博账户来访问在线的分析引擎。

⑥ "体量和场地"选项卡：通过体量环境中的形状图元工具辅助，可以创建一个异形体体量，是用于建模和修改概念体量族和场地图元的工具，如添加地形表面、建筑红线等图元。

⑦ "协作"选项卡：用于团队中管理项目或者与其他的团队合作使用链接文件。

⑧ "视图"选项卡：视图选项卡中的工具用于创建本项目中所需要的视图、图纸和明细表等，如图 3-23 所示。

图 3-23 "视图"选项卡

⑨ "管理"选项卡：用于访问项目标准以及其他的一些设置，其中包含了设计选项和阶段化的工具，还有一些查询、警告、按 ID 进行选择等工具，可以帮助用户更好地运行项目。其中最重要的设置之一是"对象样式"，可以管理全局的可见性、投影、剪切，以及显示的颜色和线宽。

⑩ "修改"选项卡：用于编辑现有的图元、数据和系统的工具，包含了操作图元时需要使用的工具，例如剪切、拆分、移动、复制和旋转等工具，如图 3-24 所示。

图 3-24　"修改"选项卡

3.2.4　上下文选项卡

除了在功能区默认的 11 个选项卡以外，还有一个选项卡是上下文选项卡。上下文选项卡是在选择特定图元或者创建图元命令执行时才会出现的选项卡，包含绘制或者修改图元的各种命令。退出该工具或清除选择时，该选项卡将关闭。例如当项目需要添加或者修改墙时，系统切换到"修改｜墙"上下文选项卡，在"修改｜墙"上下文选项卡中放置的是关于修改墙体的基本命令，如图 3-25 所示。

图 3-25　上下文选项卡

3.2.5　选项栏、状态栏

（1）选项栏

选项栏位于功能区下方，其内容因当前工具或所选图元而异。在选项栏里设置参数时，下一次会直接采用默认参数。

单击"建筑"选项卡→"构建"面板→"墙"按钮，如图 3-26 所示，在选项栏中可设置墙体竖向定位线、墙体到达高度、水平定位线、链复选框、偏移量以及半径等。其中，"链"是指可以连续绘制，偏移量和半径不可以同时设置数值。在展开的"定位线"下拉列表中，可选择墙体的定位线。

图 3-26　选项栏

在选项栏上单击鼠标右键，选择"固定在底部"选项，如图 3-27 所示，可将选项栏固定在 Revit 窗口的底部（状态栏上方）。

（2）状态栏

状态栏在应用程序窗口底部显示。使用某一工具时，状态栏左侧会提供一些技巧或提示，告诉用户做些什么。高亮显示图元或构件时，状态栏会显示族和类型的名称。状态栏默认显示的是"单击可进行选择；按 Tab 键并单击可选择其他项目；按 Ctrl 键并单击可将新项目添加到选择集；按 Shift 键并单击可取消选择"。

图 3-27　固定在底部

3.2.6 "属性"选项板与项目浏览器

"属性"选项板与项目浏览器是 Revit 中常用的面板，在进行图元操作时必不可少。

项目浏览器、视图导航、ViewCube

(1) "属性"选项板

"属性"选项板主要用于查看和修改用来定义 Revit 中图元属性的参数，"属性"选项板由类型选择器、属性过滤器、编辑类型和实例属性四部分组成，如图 3-28 所示。

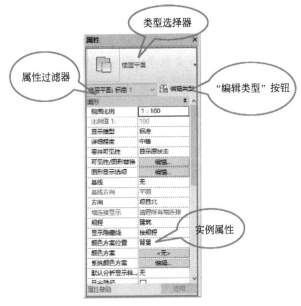

图 3-28　"属性"选项板

类型选择器：标识当前选择的族类型，并提供一个可从中选择其他类型的下拉列表。在类型选择器上单击鼠标右键，然后单击"添加到快速访问工具栏"选项，将类型选择器添加到快速访问工具栏上。也可以单击"添加到功能区修改选项卡"选项，将类型选择器添加到"修改"选项卡。如图 3-29 所示。

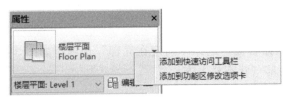

图 3-29　类型选择器

属性过滤器：在类型选择器的下方，用来标识将要放置的图元类别，或者标识绘图区域中所选图元的类别和数量。

编辑类型：同一组类型属性由一个族中的所有图元共用，而且特定族类型的所有实例的每个属性都具有相同的值。在选中单个图元或者一类图元时，单击"编辑类型"按钮，打开"类型属性"对话框即可查看和修改选定图元或视图的类型属性。修改类型属性的值会影响该族类型以及当前和将来的所有实例。

实例属性：标识项目当前视图属性或所选图元的实例参数。修改实例属性的值只影响选择集内的图元或者将要放置的图元。

（2）项目浏览器

项目浏览器用于组织和管理当前项目中包括的所有信息，包括项目中所有视图、明细表、图纸、族、组、链接的 Revit 模型等项目资源，如图 3-30 所示。

项目浏览器呈树状结构，各层级可展开和折叠。使用项目浏览器，双击对应的视图名称，可以在各视图中进行切换。在项目浏览器中，单击"立面"前的"+"按钮，展开立面视图列表，然后双击"南"，切换到南立面视图。在打开多个窗口后，可单击视图右上角的"x"按钮，关闭当前打开的视图窗口，Revit 将显示上次打开的视图。连续单击视图窗口控制栏中的"x"按钮，直到最后一个视图窗口关闭时，Revit 将关闭项目。

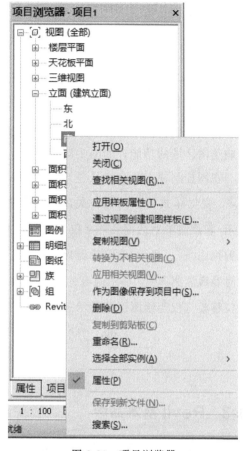

图 3-30　项目浏览器

3.2.7　View Cube 与导航栏

（1）View Cube

View Cube 默认显示在三维视图窗口的右上角。View Cube 立方体的各顶点、边、面和指南针的指示方向，代表三维视图中不同的视点方向，单击立方体或指南针的各部位可以切换至视图的各方向。按住 View Cube 或指南针上任意位置并拖动鼠标，可以旋转视图，如图 3-31 所示。在"视图"选项卡，"窗口"面板，"用户界面"下拉列表中，可以设置 View Cube 在三维视图中是否显示。

（2）导航栏

导航栏用于访问导航工具，包括 View Cube 和 Steering Wheels。导航栏在绘图区域沿窗口的一侧显示。在"视图"选项卡，"窗口"面板，"用户界面"下拉列表中，可以设置导航栏在三维视图中是否显示。标准导航栏如图 3-32 所示。单击导航栏上的

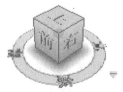

图 3-31　View Cube

"○"按钮可以启动 SteeringWheels。SteeringWheels 是控制盘的集合，通过这些控制盘，可以在专门的导航工具之间快速切换，如图 3-33 所示。

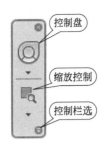

图 3-32　标准导航栏

图 3-33　SteeringWheels

3.2.8　视图控制栏

视图控制栏位于 Revit 窗口底部、状态栏上方，是一些可以快速影响绘图区域的功能，如图 3-34 所示。

视图控制栏、图元选择

视图控制栏上的命令从左至右分别是：比例 1：100 ，详细程度 ，视觉样式 ，打开/关闭日光路径 ，打开/关闭阴影 ，显示/隐藏渲染对话框 （仅当绘图区域显示三维视图时才可用），裁剪视图 ，显示/隐藏裁剪区域 ，解锁/锁定的三维视图 ，临时隐藏隔离 ，显示隐藏的图元 ，临时视图属性 ，隐藏分析模型 ，高亮显示位移集（仅当绘图区域显示三维视图时才可用） 。

1：100

图 3-34　视图控制栏

3.3　Revit 基本命令

启动 Revit 时，默认情况下将显示"最近使用的文件"窗口，在该界面中，Revit 会分别按时间顺序依次列出最近使用的项目文件和最近使用的族文件缩略图及名称，如图 3-35 所示。

Revit 中提供了若干样板，用于不同规程，例如建筑、装饰、给排水、电气、消防、暖通、道路、桥梁、隧道、水利、电力、铁路等各个专业，也可以用于各种建筑项目类型，当然也可以创建自定义样板，以满足特定的需要。

Revit 支持以下格式：

RTE 格式：Revit 的项目样板文件格式，包含项目单位、提示样式、文字样式、线型、线宽、线样式、导入/导出设置内容。

RVT 格式：Revit 生成的项目文件格式，通常基于项目样板文件（RTE 文件）创建项目文件，编辑完成后，保存为 RVT 文件，作为设计所用的项目文件。

RFT 格式：创建 Revit 可载入族的样板文件格式，创建不同类别的族要选择不同的族样板文件。

RFA 格式：Revit 可载入族的文件格式，用户可以根据项目需要创建自己的常用族文

图 3-35 启动 Revit

件，以便随时在项目中调用。

为了实现多软件环境的协同工作，Revit 提供了导入、链接、导出工具，可以支持 DWF、CAD、FBX 等多种文件格式。

3.3.1 项目打开、新建和保存

在 Revit 软件运用中，打开、新建和保存是一个项目最基本的操作。

3.3.1.1 打开项目文件、族文件

(1) 打开项目文件（三种方式）

① 在"最近使用的文件"窗口中，单击"项目"下的"打开"按钮，在弹出的"打开"对话框中，选择需要打开的项目文件，单击"打开"按钮。如图 3-36 所示。

② 在"最近使用的文件"窗口中，单击"缩略图"打开项目文件。

③ 单击"文件"按钮，将光标移动到"打开"按钮上，在展开的"打开"侧拉列表中，单击"项目"按钮，在弹出的"打开"对话框中，选择需要打开的项目文件，单击"打开"按钮。

(2) 打开族文件

在"最近使用的文件"窗口中，单击"族"下的"打开"按钮，在弹出的"打开"对话框中，选择需要打开的族文件，单击"打开"按钮。如图 3-37 所示。

3.3.1.2 新建项目文件、族文件

(1) 新建项目文件

在"最近使用的文件"窗口中，单击"项目"下的"新建"按钮，在弹出的"新建项目"对话框中，选择需要的样板文件，单击"确定"按钮，如图 3-38 所示。在系统默认的样板文件中，如果找不到所需要的文件，可在"新建项目"对话框中单击"浏览"按钮，在打开的"选择样板"对话框中选择所需要的样板文件，单击"打开"按钮，如图 3-39 所示。

図 3-36　打开项目文件

图 3-37　打开族文件

图 3-38　新建项目文件

图 3-39　选择样板文件

（2）新建族文件（三种方式）

① 在"最近使用的文件"窗口中，单击"族"下方的"新建"按钮，在弹出的"新建-选择样板文件"对话框中选择需要的样板文件，如"公制常规模型"族样板。

② 在"最近使用的文件"窗口中，单击"族"下方的"新建概念体量"按钮，选择"公制体量"选项，单击"打开"按钮，如图 3-40 所示。

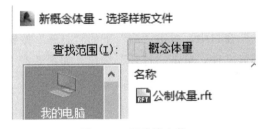

图 3-40　新建族文件

③ 单击"文件"，将光标移动到"新建"按钮上，在展开的"新建"侧拉列表中，单击"族"按钮，在弹出的"新建-选择样板文件"对话框中，选择需要打开的样板文件，单击"打开"按钮。

3.3.1.3　保存项目文件、族文件

(1) 保存项目文件

单击"文件",单击"保存"按钮(或者"Ctrl+S"键),或单击"快速访问工具栏"

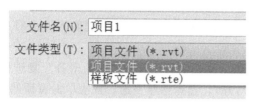

图 3-41　保存项目文件

上的"<img>"按钮,在打开的"另存为"对话框中命名文件,选择需要保存的文件类型,单击"保存"按钮,项目可以保存为"项目文件(RVT 格式)",也可以保存为"样板文件(RTE 格式)",如图 3-41 所示。

(2) 保存族文件

单击"文件",单击"保存"按钮(或者"Ctrl+S"键),或单击"快速访问工具栏"上的"<img>"按钮,在打开的"另存为"对话框中命名文件,选择需要保存的文件类型,单击"保存"按钮,族文件只能保存为 RFA 格式。

3.3.2　视图窗口

Revit 窗口中的绘图区域显示当前项目的视图以及图纸和明细表。每次打开项目视图时,默认情况下此视图窗口会显示在绘图区域中其他打开的视图窗口的上面,其他视图窗口仍处于打开的状态,但是这些视图窗口在当前视图窗口的下面。使用"视图"选项卡,"窗口"面板中的工具可排列项目视图,如图 3-42 所示。

图 3-42　"窗口"面板

3.3.3　修改面板

修改面板中提供了用于编辑现有图元、数据和系统的工具,包含了操作图元时需要使用的工具,例如剪切、拆分、移动、复制、旋转等常用的修改工具,如图 3-43 所示。

修改编辑工具

图 3-43　修改面板

(1) 对齐工具

对齐工具的快捷键为"AL",可以将一个或多个图元与选定的图元对齐;可以锁定对齐,确保其他模型修改时不会影响对齐。

【案例 3-1】　如图 3-44 所示,将窗户底部对齐到墙体底部。

快捷键、临时尺寸标注

单击"修改"选项卡,"修改"面板,"⬛"按钮,在状态栏中会出现使用对齐工具的提示信息"选择要对齐的线或点参照",配合键盘 Tab 键选择墙体底部,在墙体底部会出现蓝色虚线,状态栏中提示"选择要对齐的实体(它将同参照一起移动到对齐状态)",单击窗户的底部,将窗户底部对齐到墙体底部,此时会出现锁形标记,单击锁形标记将门与墙体进行锁定,如图 3-44 所示。

继续对齐第二个窗户:再次单击墙体底部,单击窗户底部,按 Esc 键两次退出对齐命令。

将窗顶部对齐到参照平面上:单击"⬛"按钮,在选项栏上勾选"多重对齐"复选框(也可以在按住 Ctrl 键的同时选择多个图元进行对齐),选择参照平面,依次单击窗顶部。

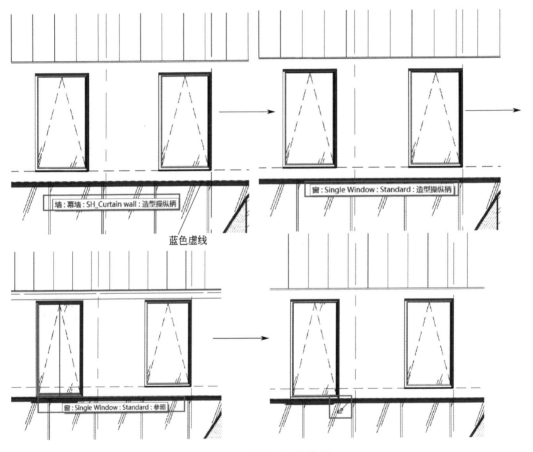

图 3-44　对齐工具的使用

【案例 3-2】　　如图 3-45 所示,将模型线左侧的端点对齐到轴网上。

单击"修改"选项卡,"修改"面板,"⬛"按钮,单击模型线左侧的端点,单击轴网线,按 Esc 键两次退出对齐命令。

(2) 移动工具

移动工具的快捷键为"MV"。移动工具的工作方式类似于拖拽,但是在选项栏上提供了其他功能,允许进行更精确的放置。在选项栏上勾选"约束"复选框,可限制图元沿着与其垂直或共线的矢量方向的移动。勾选"分开"复选框,可在移动前中断所选图元和

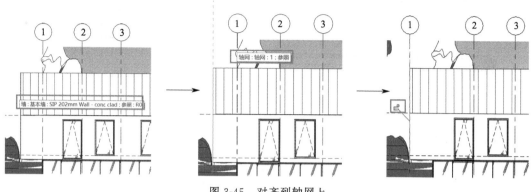

图 3-45 对齐到轴网上

其他图元之间的关联。首先，单击一次，目的是输入移动的动点，此时页面上将会显示该图元的预览图像，沿着希望图元移动的方向移动光标，光标会捕捉到捕捉点，此时会显示尺寸标注作为参考，再次单击以完成移动操作。如果要更精确地进行移动，输入图元要移动的距离值，按 Enter 键或空格键。

（3）偏移工具

偏移工具的快捷键为"OF"。将选定的图元（例如线、墙或梁），复制或移动到其长度的垂直方向上的指定距离处，可以偏移单个图元或属于同一个族的一连串图元。可以通过拖拽选定图元或输入值来指定偏移距离。

【案例 3-3】 图形方式偏移。

单击"修改"选项卡，"修改"面板，"⌐"按钮，在选项栏上选择"图形方式"，勾选"复制"，单击玻璃幕墙的底部墙体，再次单击玻璃幕墙选择偏移的起点，在参照平面上单击鼠标左键确定偏移的终点，如图 3-46 所示。

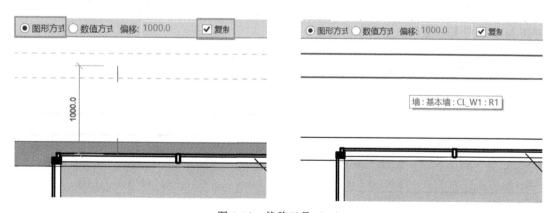

图 3-46 偏移工具（一）

【案例 3-4】 数值方式偏移。

单击"修改"选项卡，"修改"面板，"⌐"按钮，在选项栏上指定偏移距离的方式为"数值方式"，勾选"复制"，在偏移框中输入"500.0"。将光标放置在墙体内侧，配合 Tab 键选择玻璃幕墙的整条链，单击鼠标左键，如图 3-47 所示，按 Esc 键退出。

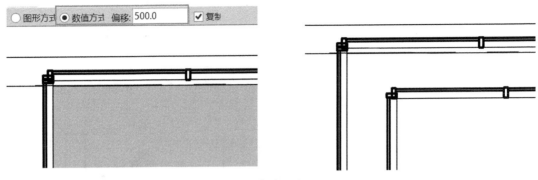

图 3-47　偏移工具（二）

（4）复制工具

复制工具的快捷键为"CO"，也可以按住 Ctrl 键按键盘左向键进行复制。复制工具可复制一个或多个选定图元。复制工具与"复制到剪贴板"工具不同，复制某个选定图元并立即放置该图元时可使用复制工具。在放置副本之前切换视图时，可使用"复制到剪贴板"工具。选择要复制的图元，单击"修改|＜图元＞"选项卡，"修改"面板，"📋"按钮，或单击"修改"选项卡，"修改"面板，"📋"按钮，选择要复制的图元，然后按 Enter 键或空格键。

【案例 3-5】　进行家具复制练习。

选择想要复制的家具图元，在"修改|＜柱＞"上下文选项卡，单击"修改"面板，"📋"按钮，在选项栏上勾选"约束"和"多个"复选框，单击"轴线 2"作为复制的起点，向右移动鼠标，单击"轴线 3"作为复制的终点。因为已经勾选"多个"复选框，所以可以继续向右复制，如图 3-48 所示。单击"修改"选项卡，"修改"面板，"📋"按钮，选择"柱"，然后按 Enter 键或空格键，在选项栏上取消勾选"约束"复选框，单击家具的中心位置作为复制起点，向右下方移动鼠标并单击一点作为家具的复制终点，如图 3-49 所示，按 Esc 键两次退出复制命令。

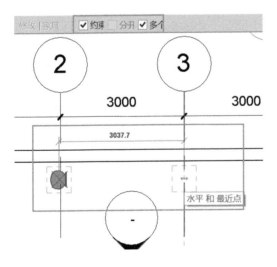

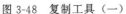

图 3-48　复制工具（一）

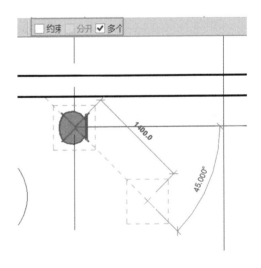

图 3-49　复制工具（二）

（5）旋转工具

旋转工具的快捷键为"RO"。使用旋转工具可使图元围绕轴旋转，在楼层平面视图、天花板投影平面视图、立面视图和剖面视图中，图元会围绕垂直于这些视图的轴进行旋转。在三维视图中，该轴垂直于视图的工作平面。如果需要，可以拖动或单击旋转中心控件，按空格键，或在选项栏选择旋转中心，以重新定位旋转中心，然后单击鼠标指定第一条旋转线，再单击鼠标指定第二条旋转线。

（6）镜像工具

镜像工具使用一条线作为镜像轴，对所选模型、图元执行镜像（反转其位置）。可以拾取镜像轴，也可以绘制临时轴。使用镜像工具可以翻转选定图元，或者生成图元的一个副本并反转其位置。选择要镜像的图元，单击"修改｜＜图元＞"选项卡中的"修改"面板，"🔲"或者"🔲"按钮；或单击"修改"选项卡，"修改"面板，"🔲"或"🔲"按钮，选择要旋转的图元，然后按 Enter 键或空格键。

【案例 3-6】　进行门镜像练习。

选中想要镜像的门，单击"修改"面板，"🔲"按钮，单击参照平面，如图 3-50 所示。或者单击"🔲"按钮，选择门，然后按 Enter 键，根据需要在适当的位置绘制镜像轴。

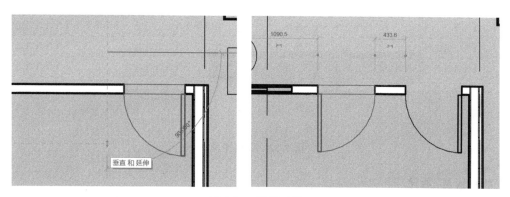

图 3-50　镜像工具

（7）阵列工具

阵列工具的快捷键为"AR"。阵列工具用于创建选定图元的线性阵列或半径阵列，使用阵列工具可以创建一个或多个图元的多个实例，并同时对这些实例执行操作。可以指定图元之间的距离，阵列中的实例可以是组的成员。阵列可以分为线性阵列🔲和径向阵列🔲两种。当选择阵列工具后，在选项栏上会有移动到第二个和最后一个的选项。

【案例 3-7】　对图元——植物进行阵列。

选择植物，在"修改｜植物"上下文选项卡单击"修改"面板，"🔲"按钮，在选项栏上选择"线性"命令，勾选"成组并关联"复选框，"项目数："为"4"，勾选"第二个"复选框，勾选"约束"复选框，选择植物的端点，输入距离为"2000"，然后按 Enter 键，如图 3-51 所示。在数字框中可以根据绘图需要来改变图元的个数，按 Esc 键结束操作。当再次选择植物时，植物是成组的，单击"成组"面板，"🔲"按钮，可将其解组。

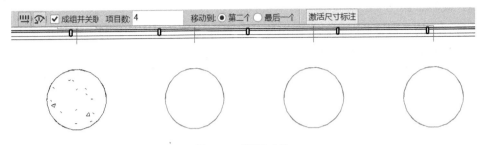

图 3-51　阵列工具

（8）缩放工具

缩放工具的快捷键为"RE"，可以调整选定项的大小，通常是调整线性类图元（如墙体和草图线）的大小。缩放的方式有两种，分别为"图形方式"和"数值方式"。

【案例 3-8】　新建项目文件，使用墙工具绘制一段墙体。

选中墙体，在"修改|墙"上下文选项卡单击"修改"面板，" "按钮，在选项栏上选择"图形方式"复选框，单击墙体上一点作为缩放起点，移动光标时会有缩放的预览图像出现，单击一点作为缩放终点，如图 3-52 所示。

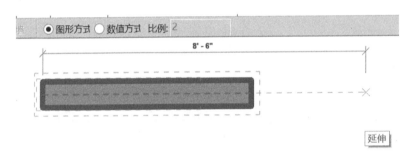

图 3-52　缩放工具

（9）修剪/延伸

使用修剪和延伸工具，可以修剪或延伸一个或多个图元到由相同的图元类型定义的边界上，也可以延伸不平行的图元以形成角，或者在它们相交时进行修剪以形成角。选择要修剪的图元时，光标位置指定要保留的图元部分。

3.3.4　视图裁剪、隐藏和隔离

裁剪区域定义了项目视图的边界，可以在所有项目视图中显示模型裁剪区域和注释裁剪区域。如果只是想查看或编辑视图中特定类别的少数几个图元时，临时隐藏或隔离图元/图元类别会很方便。隐藏工具可在视图中隐藏所选图元/图元类别，隔离工具可在视图中显示所选图元/图元类别并隐藏所有其他图元，这些工具只会影响绘图区域中的活动视图。当关闭项目时，除非该修改是永久性修改，否则图元/图元类别的可见性将恢复到初始状态。

3.3.4.1　视图裁剪

模型裁剪区域可用于裁剪位于模型裁剪边界上的模型图元、详图图元（例如隔热层和

详图线）、剖面框和范围框。位于模型裁剪边界上的其他相关视图的可见裁剪边界也会被剪裁。只要注释裁剪区域接触到注释图元的任意部分，注释裁剪区域就会完全裁剪注释图元。参照隐藏或裁剪模型图元的注释（例如符号、标记、注释记号和尺寸标注）不会显示在视图中，即使这些注释在注释裁剪区域内部也是如此。透视三维视图不支持注释裁剪区域。

在视图控制栏上单击"⬚"按钮，或者在"属性"选项板上勾选"裁剪区域可见""注释裁剪"复选框，可控制裁剪区域可见性，如图 3-53 所示。

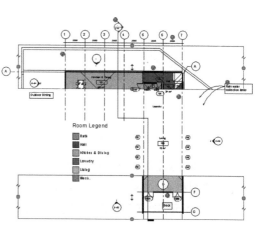

可以通过使用控制柄或明确设置尺寸来根据需要调整裁剪区域的尺寸。使用拖拽控制柄调整裁剪区域的尺寸：选择裁剪区域，拖拽控制柄到所需位置。使用截断线控制柄 ↜ 调整裁剪区域的尺寸：当将光标放置在截断线控制柄附近时，×

图 3-53　视图裁剪

表示要删除的视图部分，截断线控制柄可将视图截断为单独区域，如图 3-54 所示。

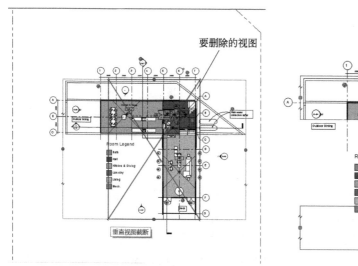

图 3-54　控制柄调整裁剪区域

3.3.4.2　临时隐藏/隔离

临时隐藏或隔离图元/图元类别：在绘图区域中，选择一个或多个图元，在视图控制栏上单击"⬚"按钮，然后选择下列选项之一：

① 隔离图元类别：隔离视图中的所有选定类别。选择屋顶，单击"隔离类别"按钮，只有屋顶在视图中可见，如图 3-55 所示。

② 隐藏图元类别：隐藏视图中的所有选定类别。选择屋顶，单击"隐藏类别"按钮，所有屋顶都会在视图中隐藏，如图 3-56 所示。

图 3-55　隔离类别

图 3-56　屋顶隐藏之后

　　③ 隔离图元：仅隔离选定图元。选择屋顶，单击"隔离图元"按钮，只有被选择的屋顶会在视图中可见，如图 3-57 所示。

　　④ 隐藏图元：仅隐藏选定图元。选择屋顶，单击"隐藏图元"按钮，只有被选择的屋顶会在视图中隐藏，如图 3-58 所示。

图 3-57　隔离图元

图 3-58　隐藏图元

　　临时隐藏/隔离图元/图元类别时，将显示带有边框的"临时隐藏/隔离"图标（🖼）。在视图控制栏上，单击"🖼"按钮，然后单击"重设临时隐藏/隔离"按钮，所有临时隐藏/隔离的图元/图元类别将恢复到视图中，退出"临时隐藏/隔离"模式并保存修改。在视图控制栏上，单击"🖼"按钮，然后单击"将隐藏/隔离应用到视图"按钮，重新恢复到原来的状态。在视图控制栏上，单击"🔲"按钮，此时，"显示隐藏的图元"的图标和绘图区域将显示一个彩色边框，用于指示处于显示隐藏图元/图元类别模式下，所有隐藏或隔离的图元/图元类别都以彩色显示，而可见图元/图元类别则显示为半色调。选择隐藏或隔离的图元/图元类别，在图元/图元类别上单击鼠标右键，展开取消在视图中隐藏的侧拉列表选择图元/图元类别。最后在视图控制栏上，单击"显示隐藏的图元"按钮。

3.4　Revit 项目设置

　　一般情况下，不同的项目有不同的项目信息和项目单位，项目信息和项目单位是根据项目的环境进行设置的，都是根据要求来设置具体的信息。

3.4.1　项目信息、项目单位

(1) 项目信息

如图 3-59 所示，新建打开项目建筑样板，单击"管理"选项卡"设置"面板中"项目信息"按钮，Revit 会弹出"项目属性"对话框。在"项目属性"对话框中可以看到项目信息是一个系统族，同时包含了"标识数据""能量分析""其他"选项卡。"其他"选项卡中包括项目发布日期、项目状态、客户姓名、项目地址、项目名称、项目编号和审定。

在"标识数据"选项卡里设置组织名称、组织描述、建筑名称以及作者。在"能量分析"选项卡中，可以设置"能量设置"。"能量设置"对话框中包含了"通用"选项卡、"详图模型"选项卡、"能量模型"选项卡。如图 3-60 所示。

图 3-59　项目信息

图 3-60　设置

(2) 项目单位

单击"管理"选项卡"设置"面板中"项目单位"按钮，弹出"项目单位"对话框，如图 3-61 所示。可以设置相应规程下每一个单位所对应的格式。

图 3-61　项目单位

3.4.2 材质

单击"管理"选项卡"设置"面板中的"材质"按钮，如图 3-62 所示，弹出"材质浏览器"对话框。

在"材质浏览器"对话框中，可以搜索项目材质列表里的所有材质，例如输入"水泥"两个字，材质列表里会出现水泥相关的材质，如图 3-63 所示。

图 3-62　材质

图 3-63　材质浏览器

（1）新建材质

以创建一个"镀锌钢板"材质为例。打开"材质浏览器"对话框之后，在项目材质列表里选择"不锈钢"材质，单击鼠标右键，选择"重命名"选项，直接将其名称改成"镀锌钢板"，单击"确定"按钮，退出"材质浏览器"对话框，如图 3-64 所示。

（2）添加项目材质

打开"材质浏览器"对话框之后，选择"AEC 材质"库里的"金属"选项，右边的材质库列表会显示金属的相关材质，选择"金属嵌板"材质，右边会出现隐藏的按钮，单击 ⬆ 按钮，该材质会自动添加到项目材质列表中，如图 3-65 所示。

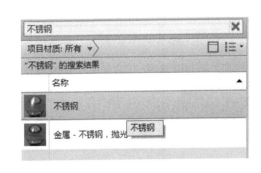

图 3-64　新建材质

图 3-65　添加项目材质

（3）创建新材质库

打开"材质浏览器"对话框之后，单击左下方 📖▾ 按钮，选择"创建新库"选项，弹出"选择文件"对话框，浏览到桌面上，输入文件名为"我的材质"并确定库文件的后缀为".adsklib"，单击"保存"按钮，Revit 将创建新材质库，如图 3-66 所示。

选择"我的材质"材质库，单击鼠标右键，在下拉列表中选择"创建类别"按钮，新类别将创建在该库的下面，修改类别名称为"我的金属"，如图 3-67 所示。

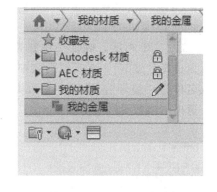

图 3-66　创建材质库（一）　　　　　　图 3-67　创建材质库（二）

　　还可以选择"我的金属"类别，单击鼠标右键，在下拉列表中选择"创建类别"继续创建出更多的新类别，并且对其进行重命名。

　　可以将项目材质列表里的"不锈钢"材质添加到"我的金属"类别里。选择"不锈钢"材质，单击鼠标右键，侧拉列表选择"添加到"选项，继续在侧拉列表选择"我的材质"，继续选择"我的金属"按钮，该"不锈钢"材质会自动添加到"我的金属"类别列表中，如图 3-68 所示，并且还可以对其进行重命名。单击"确定"按钮，退出"材质浏览器"对话框。

　　也可以将材质库列表的材质添加到"我的金属"类别里。

　　在"AEC 材质"里选择"金属"按钮，选择"钢"材质，单击鼠标右键，再选择"添加到"选项，选择"我的材质"选项，继续选择"我的金属"选项，如图 3-69 所示，该材质会添加到"我的金属"类别里。单击"确定"按钮，退出"材质浏览器"对话框。

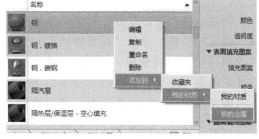

图 3-68　创建材质库（三）　　　　　　图 3-69　创建材质库（四）

3.4.3　项目参数

　　项目参数是定义后添加到项目多类别图元中的信息容器。其特定于本项目，不能与其他项目共享。在本项目中可在多类别明细表和单一类别明细表中使用这些项目参数。

　　【案例 3-9】　以第七期全国 BIM 技能等级考试一级试题第五题"独栋别墅"项目为例，设置门、窗属性，添加实例项目参数，名称为"编号"。

步骤如下：

① 单击"管理"选项卡"设置"面板中"项目参数"按钮，弹出"项目参数"对话框，Revit 会给出一些项目参数供选择，单击右边的"添加"按钮，弹出"参数属性"对话框。

② 如图 3-70 所示，确定"参数类型"为"项目参数"，在右边类别栏中，"过滤器列"后面选择"建筑"，在下拉列表中勾选"窗"和"门"两个类别。在左边"参数数据"下输入名称为"编号"，设置"参数类型"为"文字"，确定勾选"实例"，单击"确定"按钮，退出"参数属性"对话框。

图 3-70　项目参数（一）

同时，在"项目参数"对话框里显示刚刚创建的项目参数"编号"处于选中状态，单击"确定"按钮，退出"项目参数"对话框，当选中项目中的门或窗时，"属性"选项板中实例属性将出现"编号"参数，如图 3-71 所示。

用明细表统计门窗数量时，项目参数会出现在明细表字段中。例如创建门明细表，如图 3-72 所示，若统计门的"型号"，可以将它添加到右边的明细表字段中。

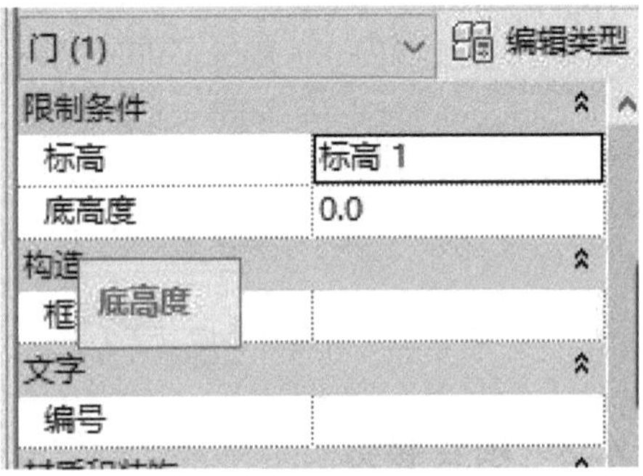

图 3-71　项目参数（二）

3.4.4　项目地点、旋转正北

（1）项目地点

项目地点用于指定项目的地理位置，可以用"Internet 映射服务"，通过搜索项目位置的街道地址或者项目的经纬度来直观显示项目位置。在为日光研究、漫游和渲染图像生

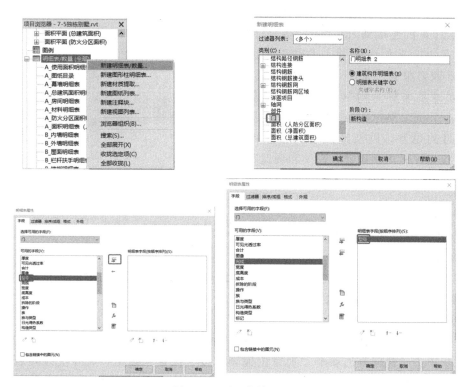

图 3-72　项目参数（三）

成阴影时，该适用于整个项目范围的设置非常有用。

【案例 3-10】　以第七期全国 BIM 技能等级考试一级试题第五题"独栋别墅"项目为例，设置项目地点为"中国上海"。

步骤如下：

打开"独栋别墅"项目文件，单击"管理"选项卡"项目位置"面板中的"地点"按钮，弹出"位置、气候和场地"对话框，如图 3-73 所示。

图 3-73　项目地点（一）

方法一：在"位置"选项卡下"定义位置依据（D）"下选择"默认城市列表"选项，在城市后面单击下拉列表符号，展开其下拉列表，从列表中选择"中国上海"选项，单击"确定"按钮，退出"位置、气候和场地"对话框。

方法二：打开"位置、气候和场地"对话框，若计算机连接到 Internet，在"位置"选项卡下"定义位置依据（D）"下选择"Internet 映射服务"选项，如图 3-74 所示，输入项目地址名称为"中国上海"，单击搜索，通过 Google Maps（谷歌地图）地图服务显示项目的位置，以及经度和纬度。单击"确定"按钮，退出"位置、气候和场地"对话框。

图 3-74　项目地点（二）

（2）旋转正北

旋转正北可以相对于"正北"方向修改项目的角度。

【案例 3-11】　以第七期全国 BIM 技能等级考试一级试题第五题"独栋别墅"项目为例，设置首层平面图正北方向为"北偏东 30°"。

步骤如下：

打开"独栋别墅"项目文件，切换至首层平面图，修改"属性"选项板里方向为"正北"，然后单击"管理"选项卡"项目位置"面板"位置"按钮，展开下拉列表，选择"旋转正北"选项，在选项栏中输入项目到正北方向的角为 30°，修改后面的方向为"西"，按一次 Enter 键，Revit 会自动调整正北方向，如图 3-75 所示。

若不设置选项栏数值，也可以直接向东转 30°，如图 3-76 所示。单击选项栏"旋转中心"后面的"地点"按钮，可以重新设置旋转中心，或配合键盘空格键也可以重新设置旋转中心。

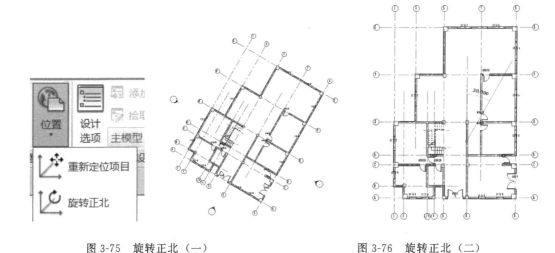

图 3-75　旋转正北（一）　　　　　　　图 3-76　旋转正北（二）

3.4.5　项目基点、测量点

项目基点定义了项目坐标系的原点（0，0，0）。此外，项目基点还可用于在场地中确定建筑的位置，并在构造期间定位建筑的设计图元。参照项目坐标系的高程点坐标和高程点

（测量点）相对于此点显示。

打开视图中的项目基点和测量点的可见性，切换至场地平面图，单击"视图"选项卡"图形"面板中"可见性/图形"按钮，弹出"可见性/图形"对话框（快捷键 VV），在"可见性/图形"对话框的"模型类别"选项卡中，向下滚动到"场地"并将其展开，勾选"项目基点"和"测量点"，如图 3-77 所示。"项目基点"和"测量点"可以在任何一个楼层平面图中显示。

图 3-77　项目基点、测量点

3.4.6　其他设置

其他设置用于定义项目的全局设置，可以使用这些设置来自定义项目的属性，例如单位、线样式、载入的标记、注释记号和对象样式等。

【案例 3-12】　以第七期全国 BIM 技能等级考试一级试题第五题"独栋别墅"项目为例，主要讲解设置线样式、线宽、线型图案。

步骤如下：

（1）线样式

单击"管理"选项卡"设置"面板"其他设置"按钮，展开下拉列表，如图 3-78 所示。

单击"线样式"选项，弹出"线样式"对话框，单击右下方修改子类别下"新建"按钮，弹出"新建子类别"对话框，输入名称为"模拟线"，单击"确定"按钮，退出"新建子类别"对话框。设置模拟线的颜色为"红色"，单击"确定"按钮，再次单击"确定"按钮，退出"线样式"对话框，如图 3-79 所示。

图 3-78　创建线样式

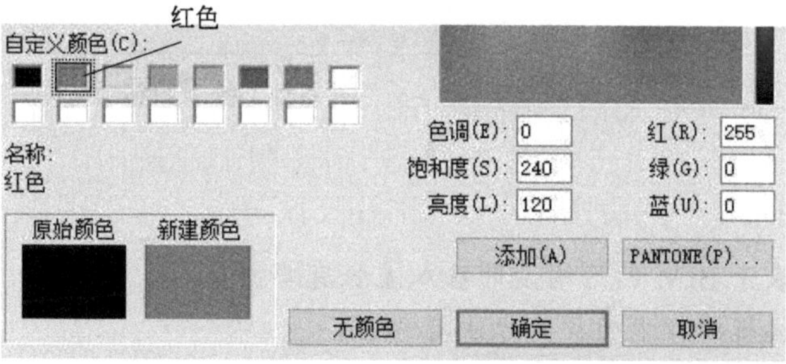

图 3-79　线样式

（2）线宽

"线宽"用于创建或修改线宽，可以控制模型线、透视视图线和注释线的线宽。对于模型图元，线宽取决于视图比例。单击"管理"选项卡"设置"面板"其他设置"按钮，展开下拉列表，选择"线宽"选项。打开"线宽"对话框。线宽分为模型线宽、透视视图线宽。模型线宽共 16 种，每种都可以根据每一个视图指定大小。单击右边的"添加"按钮，打开"添加比例"对话框，单击下拉列表按钮展开下拉列表，选择 1∶5000，单击"确定"按钮，再次单击"确定"按钮，退出"线宽"对话框，如图 3-80 所示。

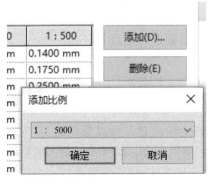

图 3-80　线宽

（3）线型图案

单击"管理"选项卡"设置"面板"其他设置"按钮，展开下拉列表，选择"线型图案"选项，打开"线型图案"对话框。在"线型图案"对话框中，将显示所有项目模型图元的线型图案。选择某一个线型图案，单击右边的"编辑"按钮，可以修改原名称和类型值；单击右边的"删除"按钮，可以删除该线型图案；单击"重命名"按钮，可对该线型图案重命名，如图 3-81 所示。

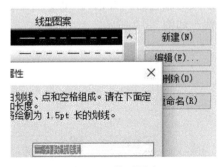

图 3-81　线型图案

思考题：

1. 基于 BIM 的结构设计基本流程有哪些？
2. 编辑项目中的族的方法有哪些？
3. BIM 技术在概念设计、初步设计、施工图设计阶段应用内容有哪些？

留下你的答案吧

第4章 建筑场地与轴网、标高创建

地形表面的创建是场地设计的基础，Revit 提供了多种创建地形表面的方式，大多数情况使用放置点或导入数据来定义地形表面。

4.1 创建地形表面

以"建筑样板"创建一个新项目文件，在"体量和场地"选项卡"场地建模"面板中使用"地形表面"工具，可以为项目创建地形表面模型，如图 4-1 所示。

图 4-1 创建地形表面

打开三维视图或场地平面视图，单击""按钮，进入"修改│编辑表面"上下文选项卡。在选项栏上设置"高程"的值，用于放置点及高程以创建地形表面，如图 4-2 所示。

图 4-2 设置"高程"

① 绝对高程。点显示在指定的高程处，可以将点放置在活动绘图区域中的任何位置。

② 相对于表面。通过该选项，可以将点放置在现有地形表面上的指定高程处，从而编辑现有地形表面。要使该选项的使用效果更明显，需要在着色的或者真实的三维视图中工作。

③ 在"场地"平面视图绘图区域中单击放置点。如果需要，在放置其他点时可以修改选项栏上的高程。单击"![]"按钮，退出"修改│编辑表面"上下文选项卡，保存该文件，如图 4-3 所示。

图 4-3　放置点

4.2　场地设置

在"体量和场地"选项卡"场地建模"面板上单击对话框启动器按钮 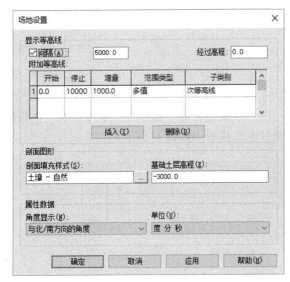 弹出"场地设置"对话框，如图 4-4 所示。

（1）显示等高线

可自定义等高线在绘图区域中的显示。

① 间隔。可自定义设置参数值。例如，如果将等高线间隔设置为 500，则等高线将显示在 0、500、1000、1500、2000 的位置。

② 经过高程。如果将"经过高程"值设置为 100，"间隔"设置为 500，则等高线将显示在 100、600、1100、1600 的位置。

③ 附加等高线。

a. 开始：设置附加等高线开始显示的高程。

图 4-4　场地设置（一）

b. 停止：设置附加等高线不再显示的高程。

c. 增量：设置附加等高线的间隔。

d. 范围类型：选择"单一值"可以插入一条附加等高线，选择"多值"可以插入增量附加等高线。

e. 子类别：设置将显示的等高线类型，从列表中选择一个值。要创建自定义线样式，在"对象样式"对话框中，打开"模型对象"对话框，然后修改"地形"下的设置。

（2）剖面图形

① 剖面填充样式：设置在剖面视图中显示的材质。

② 基础土层高程：控制土壤横断面的深度。该值控制项目中全部地形图元的土层深度。

（3）属性数据

① 角度显示：指定建筑红线标记上角度值的显示方式，可以从"注释""标记""建

筑"文件夹中载入建筑红线标记。

② 单位：指定在显示建筑红线表格中的方向值的单位。

查看土层厚度方式如下。切换至场地平面图。在地形模型中"视图"选项卡"创建"面板单击"剖面"按钮，创建一个平行于 Y 轴的剖面。切换至剖面视图，可以看到土层厚度。可以在"体量和场地"选项卡"场地建模"面板单击对话框启动器按钮 修改其基础土层高程，如图 4-5 所示。

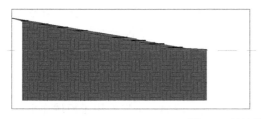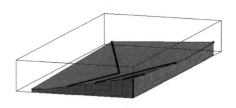

图 4-5　场地设置（二）

标记等高线步骤如下。切换至场地平面视图，在"体量和场地"选项卡"修改场地"面板单击"标记等高线"按钮，在绘图区域地形表面绘制一条平行于 Y 轴的标记等高线，如图 4-6 所示。

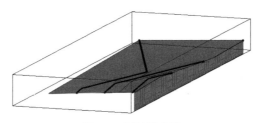

图 4-6　标记等高线

4.3　拆分表面、合并表面、子面域

（1）拆分表面

"拆分表面"工具将一个地形表面拆分为两个不同的表面，然后可以分别编辑这两个表面。要将一个地形表面拆分为两个以上的表面，可以重复使用"拆分表面"工具根据需要进一步细分地形表面。

在拆分表面后，可以为这些表面指定不同的材质来表示公路、湖、广场或丘陵等，也可以删除地形表面的一部分，如图 4-7 所示。

图 4-7　拆分表面

打开场地模型，调整至场地平面或三维视图。单击"体量和场地"选项卡"修改场地"面板"拆分表面"按钮，在绘图区域中选择要拆分的地形表面，Revit 将进入"修改拆分表面"上下文选项卡草图模式。绘制拆分表面草图后，单击" "完成编辑模式，

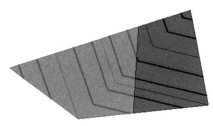

图 4-8 绘制拆分表面草图

如图 4-8 所示。

（2）合并表面

"合并表面"可以将两个单独的地形表面合并为一个表面。此工具对于重新连接拆分表面非常有用，要合并的表面必须重叠或共享公共边。如图 4-9 所示。

单击"体量和场地"选项卡"修改场地"面板"合并表面"按钮，选择一个要合并的地形表面，再选择另一个被合并的地形表面，这两个表面将合并为一个。

（3）子面域

地形表面子面域是在现有地形表面中绘制的区域。例如，可以使用子面域在平整表面或岛上绘制停车场。创建子面域不会生成单独的表面，它仅定义可应用不同属性集（例如材质）的表面区域，如图 4-10 所示。

图 4-9 合并表面

图 4-10 子面域

创建子面域的步骤如下。

① 打开一个显示地形表面的场地平面视图。

② 单击"体量和场地"选项卡"修改场地"面板"子面域"按钮，Revit 将进入"修改｜创建子面域边界"上下文选项卡。

③ 单击"拾取线 🏊 "工具或使用其他绘制工具在地形表面上创建一个子面域，如图 4-11 所示。

图 4-11 创建子面域

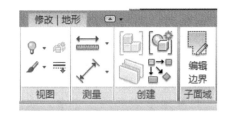

图 4-12 修改子面域的边界

修改子面域边界的步骤如下。

① 选择子面域。

② 单击"修改｜地形"上下文选项卡"子面域"面板"编辑边界 🖊 "按钮，如

图 4-12 所示。

③ 单击"拾取线"工具或使用其他绘制工具修改地形表面上的子面域。

4.4　建筑红线

要创建建筑红线，可以使用 Revit 中的绘制工具。在"体量和场地"选项卡"修改场地"面板上用创建"建筑红线"按钮可以用来创建建筑红线，如图 4-13 所示。

图 4-13　建筑红线（一）

新建项目，切换至场地平面视图。单击"体量和场地"选项卡"修改场地"面板"建筑红线"按钮，弹出"创建建筑红线"对话框。在"创建建筑红线"对话框中选择"通过绘制来创建"。单击"拾取线"工具或使用其他绘制工具来绘制线，或者通过输入距离和方向角来创建。在"创建建筑红线"对话框中，选择"通过输入距离和方向角来创建"弹出"建筑红线"对话框。在"建筑红线"对话框中，单击"插入"，然后从测量数据中添加距离和方向角，如图 4-14 所示。

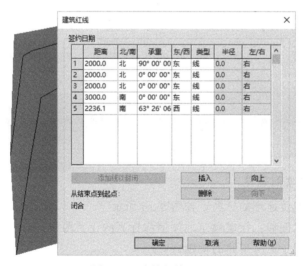

图 4-14　建筑红线（二）

将建筑红线描绘为弧的步骤如下。

① 分别输入"距离"和"方向"的值，用于描绘弧上两点之间的线段。选择"弧"作为"类型"。输入一个值作为"半径"。如果弧出现在线段的左侧，请选择"左"。如果弧出现在线段的右侧，请选择"右"。

② 根据需要插入其余的线。

③ 单击"向上"和"向下"可以修改建筑红线的顺序。

④ 在绘图区域中，将建筑红线移动到确定位置，然后单击放置建筑红线。

4.5 建筑地坪

(1) 建筑地坪的类型属性

① 厚度：显示建筑地坪的总厚度。

② 粗略比例填充样式：在粗略比例视图中设置建筑地平填充样式。在"值"框中单击，打开"填充样式"对话框。

③ 粗略比例填充颜色：在粗略比例视图中对建筑地坪的填充样式应用某种颜色，如图 4-15 所示。

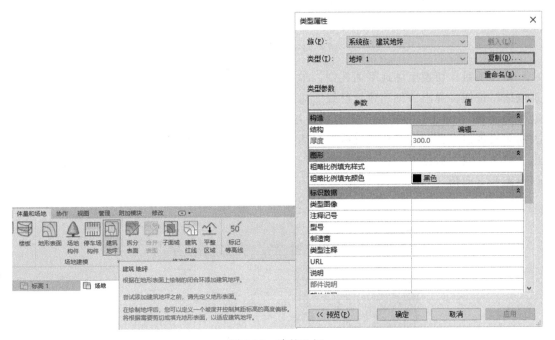

图 4-15　建筑地坪

(2) 建筑地坪的实例属性

① 标高：设置建筑地坪的标高，如图 4-16 所示。

② 自标高的高度偏移：指定建筑地坪偏移标高的正负距离。

③ 房间边界：用于定义房间的范围。

④ 坡度：建筑地坪的坡度。

⑤ 周长：建筑地坪的周长。

⑥ 面积：建筑地坪的面积。

⑦ 体积：建筑地坪的体积。

⑧ 创建的阶段：设置建筑地坪创建的阶段。

⑨ 拆除的阶段：设置建筑地坪拆除的阶段。

（3）创建建筑地坪

新建项目，切换至场地平面模型。单击"体量和场地"选项卡"场地建模"面板"建筑地坪[图标]"按钮进入"修改｜创建建筑地坪边界"上下文选项卡。使用绘制工具绘制闭合环形式的建筑地坪，如图 4-17 所示。在"属性"选项板中，根据需要设置"相对标高"和其他建筑地坪属性。

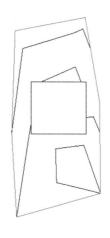

图 4-16　标高　　　　　　　　　图 4-17　绘制闭合环形式的建筑地坪

（4）修改建筑地坪

打开包含建筑地坪的场地平面视图。单击"修改｜建筑地坪"选项卡"模式"面板"编辑边界[图标]"命令。单击"修改｜建筑地坪＞编辑边界"上下文选项卡"绘制"面板绘制工具，然后使用绘制工具进行必要的修改。要使建筑地坪倾斜，请使用坡度箭头。单击"[图标]"完成编辑，退出"修改｜建筑地坪＞编辑边界"上下文选项卡。

（5）修改建筑地坪结构

① 打开包含建筑地坪的场地平面。

② 选择建筑地坪。

③ 单击"修改｜建筑地坪"选项卡"属性"面板"类型属性[图标]"按钮。

④ 在"类型属性"对话框中，单击与"结构"对应的"编辑"按钮，弹出"编辑部件"对话框，如图 4-18 所示。

⑤ 在"编辑部件"对话框中，设置各层的功能。每一层都必须具有指定的功能，这样一来，Revit 便可以准确地进行层匹配。各层可被指定下列功能：

结构：用于支撑建筑地坪的其余部分的层。

衬底：作为其他材质基础的材质。

保温层/空气：提供隔热层并阻止空气流通的层。

面层：装饰层（例如，建筑地坪的顶部表面）。

涂膜层：防止水蒸气渗透的零厚度薄膜。

注意，"包络"复选框可以保留为取消选中状态。

⑥ 设置每一层的"材质"和"厚度"，如图 4-18 所示。

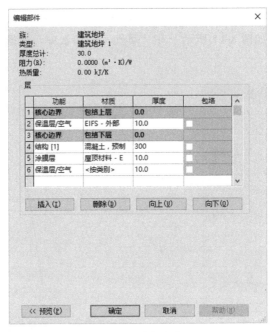

图 4-18   编辑部件

⑦ 单击"插入"添加新的层，单击"向上"或"向下"修改层的顺序。

⑧ 单击"确定"两次，退出编辑模式。

4.6   放置场地构件

场地构件用于添加站点特定的图元，如树、汽车、停车场等。

可在场地平面中放置专用场地构件，如果未在项目中载入场地构件，则会出现一条消息，指出尚未载入相应的族。

(1) 添加场地构件

① 新建项目文件，切换至场地平面视图或三维视图。

② 单击"体量和场地"选项卡"场地建模"面板"场地构件 🌲"按钮。

③ 从"类型选择器"中选择所需的构件。

④ 在绘图区域中单击以添加一个或多个构件。

⑤ 放置完构件，选中构件可以在属性栏里修改其类型属性和实例属性，修改类型属性时要复制其类型，避免同类型全部改动，如图 4-19 所示。

(2) 添加停车场构件

停车场构件用于将停车位添加到地形表面中。要添加停车位，必须打开一个视图（建议打开场地平面视图），其中显示地形表面。地形表面是停车位的主体。添加停车场构件的步骤如下：

① 打开显示要修改的地形表面的视图。

② 单击"体量和场地"选项卡"模型场地"面板"停车场构件 ⬚⬚⬚⬚⬚ "按钮。

③ 将光标放置在地形表面上，并单击鼠标来放置构件。可按需要放置更多的构件。可以阵列停车场构件。如图 4-20 所示。

图 4-19　添加场地构件

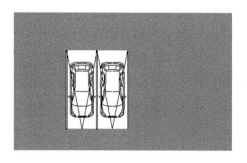

图 4-20　添加停车场构件

4.7　标高、轴网

标高可用于定义楼层层高，轴网用于构件的平面定位。标高和轴网是建筑构件在空间定位时的重要参照。在 Revit 软件中，标高和轴网是具有限定作用的工作平面，其样式皆可通过相应的族样板进行定制。对于建筑、结构、机电三个专业而言，标高和轴网的统一是其相互之间协同工作的前提条件。

（1）添加标高

使用软件自带样板新建项目，展开项目浏览器下的"立面"子层级，双击任意一立面视图，如图 4-21 所示，样板已有标高 1、标高 2，它们的标高值是以"m"为单位的。

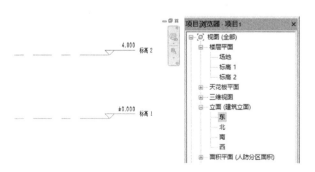

图 4-21　标高、轴网（一）

图 4-22　标高、轴网（二）

在属性栏单击类型选择器，选择对应的标头，室外地坪选择正负零标高，零标高以上选择上标头，零标高以下选择下标头，如图 4-22 所示。

打开类型属性对话框，修改类型参数。如图 4-23 所示。

当指针靠近已有标高的两端时，还会出现标头圈对齐参照线示意，若单击此处绘制，则随后完成的标高将与其参照的标高线保持两端对齐约束。

（2）复制、阵列标高

标高还可以基于已有的标高创建，如通过复制、阵列，通常会在楼层数量较多时使用。但是相对于绘制或拾取的标高，复制、阵列生成的标高默认不创建任何视图。在直接绘制或拾取标高时，在选项栏中单击平面视图类型即可选中要创建的视图类型，这样对应的视图就会自动生成并归类到对应的子层级，如图 4-24 所示。

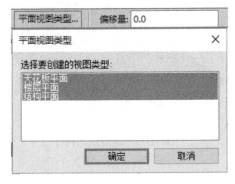

图 4-23　修改类型参数　　　　图 4-24　复制、阵列标高

（3）修改标高

图 4-25 显示了在选中一个标高时的相关信息，隐藏编号可设置此标高右侧端点符号的显隐，功能与标高类型属性中"端点 1（2）处的默认符号"参数类似，但此处是实例属性。

修改标高

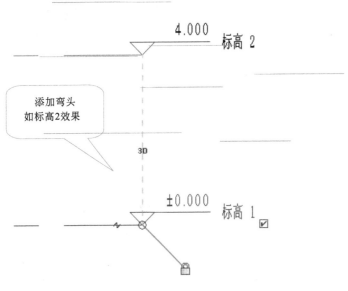

图 4-25　修改标高

（4）标高属性

① 标高。上标头：标头方向向上，例如 4.000 标高2。

下标头：标头方向向下，例如 -4.800 标高5。

正负零标高：即±0.000 标高。

② 限制条件。基面："项目基点"即在某一标高上报告的高程基于项目原点；"测量点"即报告的高程基于固定测量点。

③ 图形。线宽：设置标高类型的线宽。可以使用"线宽"工具来修改线宽编号的定义。

颜色：设置标高线的颜色。可以从 Revit 定义的颜色列表中选择颜色或自定义。

线型图案：线型图案可以是实线、虚线和圆点的组合或自定义图案。

符号：确定标高线的标头是否显示编号中的标高号（标高标头-圆圈）、显示标高号但不显示编号（标高标头-无编号）或不显示标高号（无）。

端点 1 处的默认符号：默认情况下，在标高线的左端点放置编号。选择标高线时，标高编号旁边将显示复选框，取消选中该复选框以隐藏编号，再次选中它以显示编号。

端点 2 处的默认符号：默认情况下，在标高线右端点放置编号。

④ 添加弯头的方法如下。标高除了直线效果，还可以是折线效果，即单击选中标高，在右侧标高线上显示"添加弯头"图标。单击蓝色圆点拖动，可恢复原来位置，如图 4-26 所示。

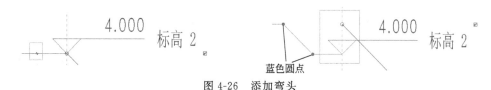

图 4-26　添加弯头

⑤ 标高锁的用法如下。标高端点锁定，拖动鼠标单击端点圆圈，更改标高长度时，相同长度的标高会一起更改；当解锁后，只更改当前移动的标高长度。如图 4-27 所示。

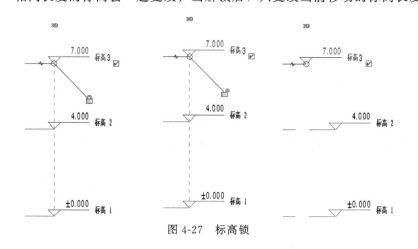

图 4-27　标高锁

（5）绘制轴网

轴网需在平面视图绘制。在"项目浏览器"中打开标高平面视图，切换到"建筑"选项卡，在"基准"面板中单击"轴网🔲"按钮，进入"修改①放置轴网"上下文选项卡，单击"绘制"面板中的"直线🔲"按钮。

在绘制区域左下角适当位置单击并结合 Shift 键垂直向上移动光

创建轴网

标，在合适位置再次单击完成第一条轴线的创建。

第二条轴网的绘制方法与标高绘制方式相似，将光标指向轴线端点时，Revit 会自动捕捉端点。当确定尺寸值后单击确定轴线端点，并配合鼠标滚轮向上移动视图，确定上方的轴线端点后再次单击，完成轴线的绘制。

修改轴网

(6) 轴网属性

选择某个轴线后，单击"属性"面板中的"编辑类型"选项，打开"类型属性"对话框。

① 符号：用于设置轴线端点的符号是否显示。该符号可以在编号中显示轴网号（轴网标头-圆）、显示轴网号但不显示编号（轴网标头-无编号）、无轴网编号或轴网号（无）。

② 轴网中段：设置在轴线中显示的轴线中段的类型。可以选择"无""连续"或"自定义"。

③ 轴线中段宽度：如果"轴线中段"参数为"自定义"，则使用线宽来表示轴线中段的宽度。

④ 轴线中段颜色：如果"轴线中段"参数为"自定义"，则使用线颜色来表示轴线中段的颜色。选择 Revit 中定义的颜色，或定义自己的颜色。

⑤ 轴线中段填充图案：如果"轴线中段"参数为"自定义"，则使用线型图案来表示轴线中段的填充图案。线型图案可以为实线或虚线和圆点的组合。

⑥ 轴线末端宽度：表示连续轴线的线宽，或者在"轴线中段"为"无"或"自定义"的情况下表示轴线末段的线宽。

⑦ 轴线末段颜色：表示连续轴线的线颜色，或者在"轴线中段"为"无"或"自定义"的情况下表示轴线末段的线颜色。

⑧ 轴线末段填充图案：表示连续轴线的线样式，或者在"轴线中段"为"无"或"自定义"的情况下表示轴线末段的线样式。

⑨ 轴线末段长度：在"轴线中段"参数为"无"或"自定义"的情况下表示轴线末段的长度。

⑩ 平面视图轴号端点 1（默认）：在平面视图中，在轴线的起点处显示编号的默认设置（也就是说，在绘制轴线时，编号在其起点处显示）。如果需要，可以显示或隐藏视图中各轴线的编号。

⑪ 平面视图轴号端点 2（默认）：在平面视图中，在轴线的终点处显示编号的默认值（也就是说，在绘制轴线时，编号在其终点处显示）。如果需要，可以显示或隐藏视图中各轴线的编号。

⑫ 非平面视图符号（默认）：在非平面视图的项目视图（例如立面视图和剖面视图）中，轴线上显示编号的默认位置："顶""底""两者"（顶和底）或"无"。如果需要，可以显示或隐藏视图中各轴线的编号。

标高轴网
创建实例

4.8 标高、轴网的 2D 与 3D 属性及其影响范围

(1) 标高的 2D 与 3D 属性

对于只移动单根标高的端点，先打开对齐锁定，再拖拽轴线端

点。如果轴线状态为 3D，则所有平面视图里的标高端点同步联动，如图 4-28 所示，点击切换为 2D，则只改变当前视图的标高端点位置。

（2）轴网的 2D 与 3D 影响范围

在一个视图中调整完轴网线标头位置、轴号显示和轴号偏移等设置后，选择轴线再选择选项卡"影响

图 4-28　由 3D 切换 2D

范围"，在对话框中选择需要的平面或立面视图名称，可以将这些设置应用到其他视图。例如，二层做了轴网修改，而没有使用"影响范围"功能，其他层就不会有任何变化。

如果想要使所有的变化影响到标高层，选中一个修改的轴网，此时将会自动激活"修改｜轴网"上下文选项卡，选择基准面板"影响范围"，打开"影响范围"对话框，选择需要影响的视图，单击"确定"按钮，所选视图轴网都会与其做相同的调整。

如果先绘制轴网再绘制标高，或者是在项目进行中新添加了某个标高，则有可能在新添加标高的平面视图中不可见。其原因是：在立面上，轴网在 3D 显示模式下需要和标高视图相交，即轴网的基准面与视图平面相交，则轴网在此标高的平面视图上可见。

4.9　参照平面

（1）添加参照平面

在"建筑"（结构或者系统）选项卡上，单击 ![参照平面] （参照平面），打开"修改｜放置参照平面"上下文选项卡，有两种绘制方式。

① 绘制一条线：在"绘制"面板上，单击"直线"按钮，在绘图区域中，通过拖拽光标来绘制参照平面，单击"修改"结束。

② 拾取现有线：在"绘制"面板中，单击"拾取线"按钮，如果需要，在选项栏上指定偏移量，选择"锁定"选项，以将参照平面锁定到该线，将光标移到放置参照平面时所要参照的线附近，然后单击放置。

（2）参照平面的属性

① 墙闭合：指定义墙对门和窗进行包络所在的点，此参数仅在"族"编辑器中可用。

② 名称：指参照平面的名称，可以编辑参照平面的名称。

③ 范围框：指应用于参照平面的范围框。

④ 是参照：指在族的创建期间绘制的参照平面是否为项目的一个参照。

⑤ 定义原点：指光标停留在放置的对象上的位置。例如，放置矩形柱时，光标位于该柱形状的中心线上。

思考题：

1. 先创建标高，还是先创建轴网？为什么？

2. BIM 工作流程中设计团队更加强调和依赖的是什么？

3. BIM 的什么特性是建筑业中的重点内容，不管是业主还是设计单位及施工单位，无不在做着与之配合的相关工作？

留下你的答案吧

| 第5章 | Revit 结构建模基础

Revit 结构建模采用 Revit Structure 实现。

5.1 Revit Structure 环境设置

Revit Structure 将多材质的物理模型与独立、可编辑的分析模型进行了集成，可实现高效的结构建模，并为常用的结构分析软件提供了双向链接。它可帮助用户在施工前对建筑结构进行更精确的可视化，从而使相关人员在设计阶段早期做出更加明智的决策。Revit Structure 为用户提供了 BIM 所拥有的优势，可帮助用户提高编制结构设计文档的多专业协调能力，最大限度地减少错误，并能够加强工程团队与建筑团队之间的合作。

本节主要介绍在用 Revit 2020 创建项目模型时，需要了解的最基本的通用功能 。

5.1.1 Revit Structure 文件类型介绍

下面介绍几种常用的文件类型。

Revit 项目文件：文件都有".rvt"扩展名，并在 Revit 软件中被列为建筑模型信息（BIM）程序。存储在这些 Revit 项目文件中的数据，包括关联于由用户用 Revit 创建的建筑设计项目建筑信息，可以具体地包含立面图、平面图和建筑部分以外的图像和元数据的细节。项目设置也存储在这些".rvt"文件中。

Revit 项目样板文件：文件格式为 RTE，在当 Revit 中新建项目时，Revit 会自动以一个后缀名为".rte"的文件作为项目的初始条件。Revit 软件中提供了几个默认的样板文件，也可以创建自己的样板。基于样板的任意新项目均继承来自样板的所有族、设置（如单位、填充样式、线样式、线宽和视图比例）以及几何图形。样板文件是一个系统性文件，其中的很多内容来源于设计日积月累，因此我们用的样板文件也是在不断完善中。Revit 提供有多种项目样板文件，默认存放在"C:\ProgramData\Autodesk\RVT2020\Templates\China"文件内。

Revit 族文件：文件格式为 RFA，族是 Revit 中最基本的图形单元，例如梁、柱、门、窗、家具、设备、标注等都是以族文件的方式来创建和保存的。Revit 的每个族文件内都含有很多的参数和信息，如尺寸、形状、类型和其他的参数变量设置，有助于修改项目。可以说"族"是构成 Revit 项目的基础。

　　Revit 族样板文件：格式为 RFT，创建新的族时，需要基于相应的样板文件，类似于新建项目要基于相应的项目样板文件。Revit 提供有多种族样板文件，默认放置在："C:\ProgramData\Autodesk\RVT2020\Family Templates\Chinese"文件夹内。族样板文件用于创建新的族，而族文件通常用于在不同项目之间交换族。

5.1.2　新建结构项目文件

　　双击安装 Revit 2020 后的桌面图标 R，进入到如图 5-1 所示的启动界面。

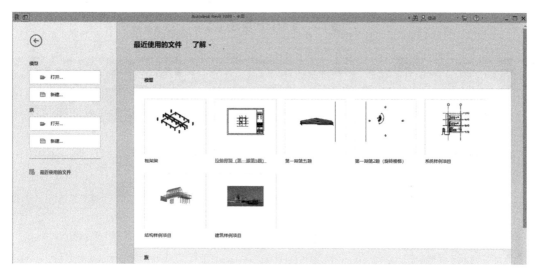

图 5-1　Revit 启动界面

　　可以直接点击"新建"，创建项目和族文件；或者选择"打开"，打开之前使用过的项目和族文件。

（1）新建项目

　　点击左上角"文件">"新建"（见图 5-2），弹出"新建项目"对话框，在"样板文件"中下拉选择"结构样板"（见图 5-3）。

　　点击"确定"，就出现如图 5-4 所示界面。

（2）保存文件

　　点击快速访问工具栏或"文件"菜单中的"保存"，保存项目文件，或者"另存为"指定保存路径。

图 5-2　新建结构项目（一）

5.1.3　工作环境设置

（1）选项设置

　　打开应用程序菜单，点击"文件">右下角的"选项"按钮，弹出"选项"对话框，见图 5-5，可以进行一些常用的设置。

　　① 设置保存时间。"选项">"常规"，可以设置"保存提醒间隔"，用户根据需要设置

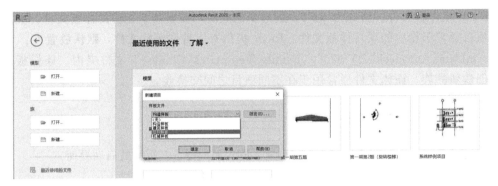

图 5-3　新建结构项目（二）

图 5-4　新建结构项目（三）

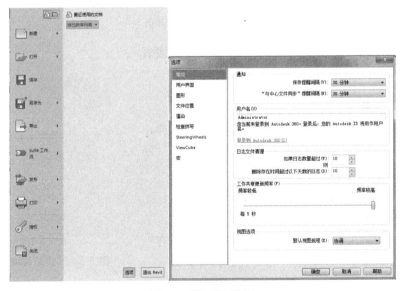

图 5-5　"选项"设置

保存提醒时间间隔，提醒用户保存文件，避免文件丢失。

② 用户选项。"选项">"用户界面">"配置"，用户可以根据自己习惯，设置功能区显示的内容、主题、快捷键等。

③ 背景颜色。"选项">"图形">"颜色"，可以进行背景颜色的修改。"选项">"图形">"临时尺寸标注外观"，可以对标注的尺寸和外观进行修改。

④ 文件位置。"选项"＞"文件位置"，可以对各种文件的路径进行修改。

（2）设置材质

点击"管理"＞"材质"＞"项目材质"，弹出"材质浏览器"对话框，见图 5-6。在下拉列表中选择所需要的材质。同时可以对该材质的"标识""图形""外观"等进行修改。

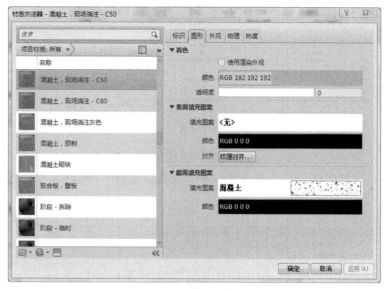

图 5-6　设置材质

（3）设置对象样式

在 Revit 中设置构件材质有多种方法。这里主要介绍的是在项目中根据构件的种类进行材质设置的方法。

点击"管理"＞"对象样式"，弹出"对象样式"对话框，见图 5-7，用户可以对不同对象的样式进行修改和设置。

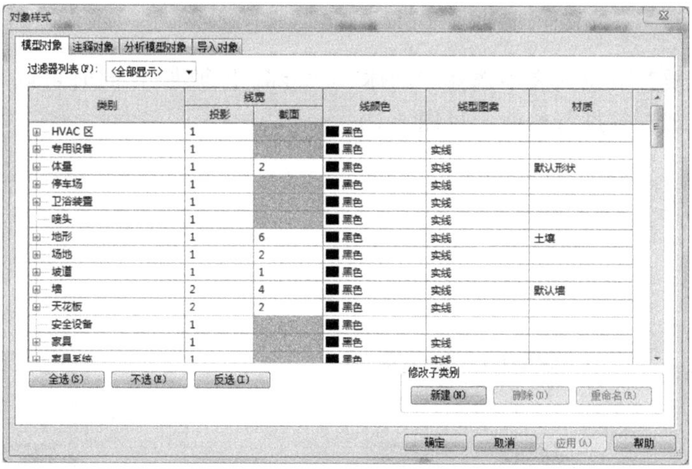

图 5-7　设置对象样式（一）

点击"对象样式"＞"模型对象"，打开"过滤器列表"，将除了"结构"之外的勾选去掉，见图 5-8。

图 5-8　设置对象样式（二）

　　例如：将结构基础"材质"设为"砌体-混凝土砌块"。鼠标选中"材质"对应的表格，会出现一个方形图标![...]，点击即可打开"材质浏览器"对话框，在对话框中选择材质。见图 5-9。

图 5-9　设置对象样式（三）

　　在"项目材质"下拉列表中选择"砌体"＞"混凝土砌块"，同时可以对该材质的"标识""图形""外观"等进行修改，见图 5-10。

图 5-10　设置对象样式（四）

如果同种类型的构件中包含了不同的材质，例如混凝土砌块基础和普通砖基础，可以通过子类别来设置。在"对象样式"对话框中，点击"修改｜子类别"＞"新建"，弹出"新建子类别"对话框，见图 5-11，输入名称"普通砖-基础"，点击"确定"完成创建。

图 5-11　新建子类别

（4）设置捕捉

点击"管理"＞"捕捉"，弹出"捕捉"对话框，见图 5-12，用户可以对"尺寸标注捕捉""对象捕捉"等进行设置。

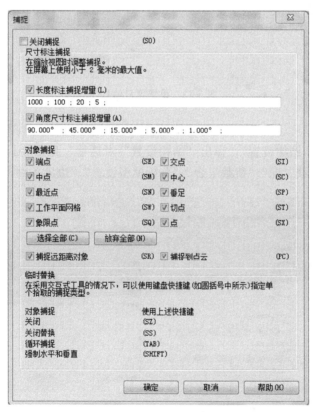

图 5-12　设置捕捉

（5）设置项目信息

点击"管理"＞"项目信息"，弹出"项目属性"对话框，见图 5-13，用户可以编辑"组织名称""建筑名称""项目名称"等。

图 5-13 设置项目信息

(6) 结构设置

点击"管理">"结构设置",弹出"结构设置"对话框,见图 5-14,用户可以对"符号表示法设置""荷载工况""荷载组合""分析模型设置""边界条件设置"等进行设置。

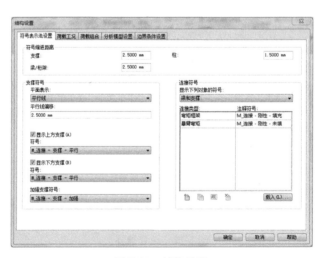

图 5-14 结构设置

(7) 创建标高、轴网

标高和轴网的创建,参考第 4 章。

5.1.4　应用实例

　　打开平面视图，点击轴网命令，在绘图区域绘制如图 5-15 所示的轴网，并对轴网进行调整重命名。

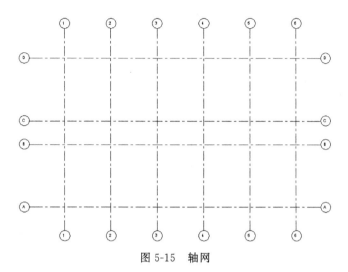

图 5-15　轴网

　　选中轴网，然后点击"修改｜轴网"上下文选项卡中的"<i class="icon"></i>"，见图 5-16，完成锁定，见图 5-17。

图 5-16　锁定（一）

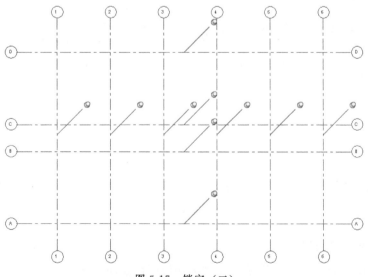

图 5-17　锁定（二）

选中所有轴网，点击"修改｜轴网"上下文选项卡＞"基准"面板＞"影响范围"，在弹出的"影响基准范围"对话框中勾选所有的视图，见图 5-18。

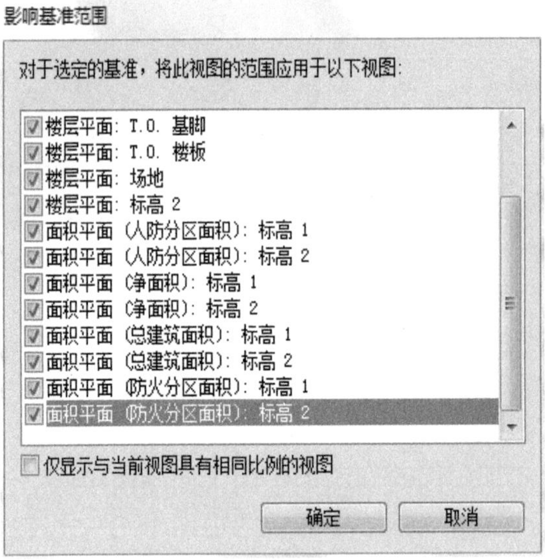

图 5-18 "影响基准范围"对话框

用户可以将现有的 CAD 图纸导入到项目中，放置在相应的标高上，依照 CAD 图纸中的定位，根据图中现有内容，快速准确地建模。

5.2 结构柱

5.2.1 结构柱的创建

点击"结构"选项卡＞"结构"面板＞"柱"，见图 5-19。在弹出的"属性"面板中选择合适的结构柱的类型，见图 5-20。

图 5-19 结构柱的创建（一）

（1）创建新的柱类型

以创建"400mm×400mm"混凝土柱为例说明创建柱类型。

在"类型选择器"中选择任意类型的混凝土，点击"属性"面板中的"编辑类型"，弹出"类型属性"对话框，下拉"族"菜单，选择"混凝土-矩形-柱"，点击对话框右上角的"复制"按钮，见图 5-21，弹出"名称"对话框，输入新类型名称"400mm×400mm"，见图 5-22，点击"确定"之后，在弹出的对话框中将"尺寸标注"的"b"和"h"分别修改为"400.0"，见图 5-23。

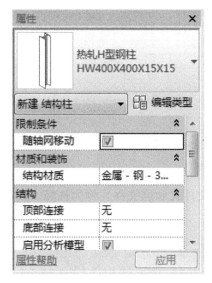

图 5-20　结构柱的创建（二）

图 5-21　复制

图 5-22　名称

图 5-23　"类型属性"对话框

（2）外部载入族文件创建柱

点击"属性"面板中的"编辑类型"，弹出"类型属性"对话框，点击"载入"，弹出"打开"对话框，见图 5-24。

图 5-24　载入族（一）

依次打开"结构"＞"柱"文件夹，选择合适的文件夹和族文件。例如选择"混凝土"文件夹中的"混凝土-圆形-柱.rfa"，见图 5-25。

图 5-25　载入族（二）

载入族文件还有以下两种方法：

① 点击"插入"选项卡，点击"载入族"，见图 5-26，用户根据需要选择族文件。

图 5-26　载入族（三）

② 依次点击"文件"＞"打开"＞"族"，用户根据需要选择族文件，见图 5-27。

图 5-27　选择族文件

5.2.2　放置结构柱

（1）放置垂直柱

点击结构柱命令后，在"修改｜放置 结构柱"上下文选项卡＞"放置"面板中默认为"垂直柱"，见图 5-28。

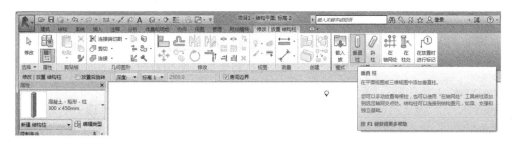

图 5-28　放置垂直柱（一）

可以在选项栏中对柱子的上下边界进行设定，见图 5-29。"高度"表示自本标高向上的界限；"深度"表示自本标高向下的界限。

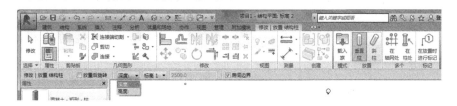

图 5-29　放置垂直柱（二）

① 选择某一标高平面，表示界限位于标高平面上，比如选择"高度""标高 2"，那么该柱的上界就位于标高 2 上，且会随标高 2 的高度的改变而移动。选择"高度"时，后面设置的标高一定要比当前的标高平面高，选择"深度"时，后面的标高设置要比当前标高平面低，否则程序无法创建，会出现警告提示，见图 5-30。

② 选择"高度"或者"深度"的"未连接"，需要在右侧的框中输入具体的数值，见图 5-31。"未连接"是指该构件向上或向下的具体尺寸是一个固定值，在标高修改时，构

图 5-30　警告提示

件的高度保持不变。用户不能输入 0 或负值，否则系统会弹出警告提示，要求用户输入小于 9144000mm 的正值。

图 5-31　未连接

用户可以在"属性"面板中选择要放置的类型，并可对参数进行修改，也可以在放置后修改这些参数，见图 5-32。

图 5-32　属性

① 限制条件。随轴网移动：将柱限制条件改为轴网，柱会固定在交点处，若轴网位置发生变化，柱会跟随轴网交点的移动而移动。

房间边界：将柱限制条件改为房间边界。

② 材质和装饰。结构材质：定义了柱的材质。

③ 结构。启用分析模型：显示分析模型，并将它包含在分析计算中，默认情况下处于选中状态。

钢筋保护层-顶面：只适用于混凝土柱，设置与柱顶面间的钢筋保护层距离。

钢筋保护层-底面：只适用于混凝土柱，设置与柱底面间的钢筋保护层距离。

钢筋保护层-其他面：只适用于混凝土柱，设置从柱到其他图元间的钢筋保护层距离。

④ 尺寸标注。体积：所选柱的体积，该值为只读。

⑤ 标识数据。图像：点击图像右侧的 █，弹出"管理图像"对话框，见图 5-33。"管理图像"对话框列出模型中的所有光栅图像，包括保存到模型的任何渲染图像。还可以使用此对话框将图像添加到要与图元关联并建立明细表的模型中。"管理图像"对话框提供了从模型中删除图像的唯一一种方法。无法通过从视图或图纸中将图像删除来删除模型中的图像。

注释：使用尺寸标注、文字注释、注释记号、标记和符号改善施工图文档。

图 5-33　标识数据

图 5-34　修改

放置后旋转：在平面视图放置垂直柱，程序会显示柱子的预览。如果需要在放置时完成柱的旋转，则要勾选选项栏的"放置后旋转"，见图 5-34。勾选"放置后旋转"后，放置垂直柱，选择角度，见图 5-35。

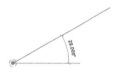

图 5-35　选择角度

放置结构柱，可以一根一根地将柱子放置在所需要的位置，也可以批量地完成结构柱的放置。点击"在轴网处"，见图 5-36。

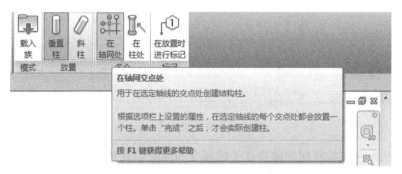

图 5-36　在轴网处创建

选择需要放置柱的轴网，按 Ctrl 键可以继续选择放置多根柱，程序在选择好的轴网交叉处放置柱，见图 5-37。

（2）放置斜柱

点击结构柱命令，点击"修改 | 放置 结构柱"＞"放置"＞"斜柱"，见图 5-38。

放置斜柱时，选项栏中可以设置斜柱上下端点的位置。"第一次单击"设置柱起点所在标高平面和相对该标高的偏移值，"第二次单击"设置柱终点所在标高平面和偏移值，

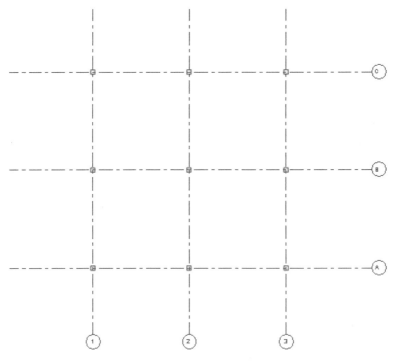

图 5-37　放置多根柱

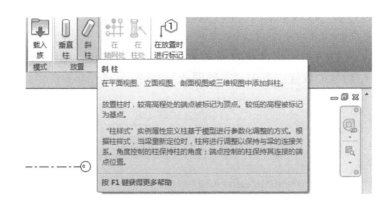

图 5-38　放置斜柱（一）

"三维捕捉"表示在三维视图中捕捉柱子的起点和终点以放置斜柱，见图 5-39。

在平面视图中放置：绘图区单击鼠标选择柱子的起点，再次单击选择柱子的终点完成设置。

在三维视图中放置：借助捕捉已有结构图元上的点，依次选择柱子的起点和终点完成放置。相比在平面视图中绘制直观准确，推荐使用。

放置完成后可以在属性栏对斜柱的参数进行修改。各参数的意义参考垂直柱。

这里介绍"构造"一栏中的参数："截面样式"包含"垂直于轴线""垂直""水平"三种，可以设置柱底部和柱顶部的形式；"延伸"可以在原有结构柱的基础上向外部拓展一定的长度。

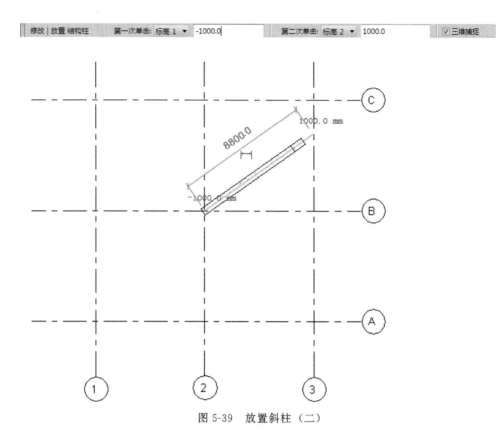

图 5-39　放置斜柱（二）

5.2.3　实例详解

单击柱命令，点击"属性">"编辑类型"，在弹出的"类型属性"面板中的"族"下拉菜单中，选择"混凝土-矩形-柱"，见图 5-40。

图 5-40　类型属性

图 5-41　名称

点击面板中"复制",修改名称为"400mm × 500mm",见图 5-41,点击"确定"。

将"尺寸标注"中的"b"修改成"400.0","h"修改成"500.0",见图5-42,点击"确定"。

进入"标高 1"平面视图,在选项栏中设置"高度""2500",在建好的轴网交叉点处放置柱,见图 5-43。

图 5-42　修改尺寸标注

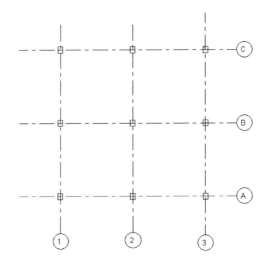

图 5-43　放置柱

三维视图中的效果见图 5-44。

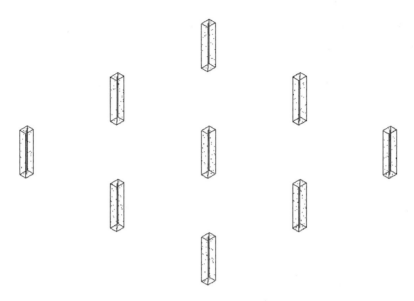

图 5-44　三维视图

在项目浏览器中，选择视图范围，如南立面图，见图 5-45，结果如图 5-46 所示。

图 5-45　选择南立面

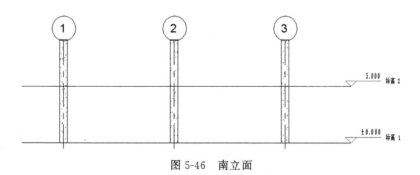

图 5-46　南立面

如果需要对放置的某个结构柱进行修改，点击需要修改的结构柱，然后在"属性"面板中对需要修改的选项进行修改。

5.2.4 结构柱族的创建

对于异形柱，程序自带的族库中没有，可以自行创建一个异形结构柱族。下面以直角梯形混凝土结构柱为例讲解。

(1) 选择"公制结构柱．rft"族样板

点击"文件">"新建">"族"，弹出"选择样板文件"对话框，并选择"公制结构柱．rft"，点击"打开"，见图 5-47、图 5-48。进入族编辑器，见图 5-49。

图 5-47 新建族

图 5-48 选择"公制结构柱．rft"

图 5-49 族编辑器

(2) 设置族类别和参数

在"属性"面板中，"族"已经默认为"结构柱"。在"属性"面板中，"用于模型行为的材质"有"钢""混凝土""预制混凝土""木材""其他"五个选项。选择不同的材质，在项目中软件会自动嵌入不同的结构参数，"混凝土""预制混凝土"会出现钢筋保护层参数，"木材"没有特殊的结构参数，在框架柱中"钢"没有特殊的参数，在结构框架中会出现"起拱尺寸""栓钉数"。本例将"用于模型行为的材质"改为"混凝土"，见图 5-50。

在"属性"面板中，"符号表示法"控制载入到项目后框架梁图元的显示，有"从族"和"从项目设置"两个选项。"从族"表示在不同精细程度的视图中，图元的显示将会按照族编辑器中的设置进行显示。"从项目设置"表示框架梁在不同精细程度视图中的显示效果将会遵从项目"结构设置"中"符号表示法"中的设置。本例将"符号表示法"设置为"从项目设置"，见图 5-51。

图 5-50　属性（一）

图 5-51　属性（二）

在"属性"面板中，"显示在隐藏视图中"表示只有当"用于模型行为的材质"为"混凝土"或"预制混凝土"时才会出现，可以设置隐藏线的显示。在这里不做详细介绍，用户可以自己设置，观察显示的效果。

（3）设置族类型和参数

点击"创建"选项卡＞"属性"面板＞"族类型"，见图 5-52，打开"族类型"对话框，见图 5-53。

可以"新建"族类型，可以对已有的"族类型"进行"重命名"和"删除"等操作；对已有的"参数"，可以进行"修改""删除""上移""下移"等操作。本例点击"族类型"中的"新建"，向族中添加新的类型，在弹出的"名称"对话框中，将"名称"命名为"标准"，见图 5-54。

点击"族类型"面板中的"深度"，然后点击"参数"的"修改"命令，将"深度"重新命名为"h"；同理将"宽度"重新命名为"b1"。

点击"参数"一栏中"添加"，弹出"参数属性"对话框。在"参数数据"中做如下

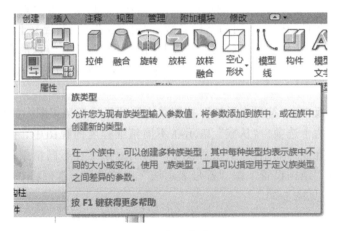

图 5-52   打开族类型

设置："名称"中输入"b"；"规程"中选择"公共"；"参数类型"选择"长度"；"参数分组方式"选择"尺寸标注"，见图 5-55。

图 5-53   族类型对话框

图 5-54   名称

设置后点击"确定"完成添加。可在"族类型"对话框中通过"上移""下移"命令来调整参数顺序，见图 5-56。

(4) 创建参照平面

点击"创建"选项卡＞"基准"面板＞"参照平面"，见图 5-57。

单击鼠标左键输入参照平面起点，再次单击左键输入参照平面的终点。

在楼层平面"低于参照标高"视图中，绘制参照平面。标注中"EQ"表示等分标注，用户可以使用这个功能方便地绘制对称截面以及控制对称截面尺寸的改变。见图 5-58。

添加参照平面时，位置无须十分精确，添加在大致位置即可。后文会讲解如何调整参照平面之间的尺寸关系。

(5) 为参照平面添加注释

点击"注释"选项卡＞"尺寸标注"面板＞"对齐"（见图 5-59），点取需要标注的参照平面，为其添加标注，见图 5-60。

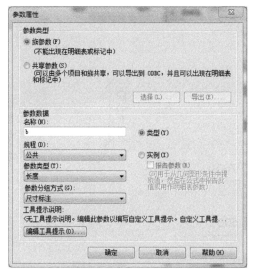

图 5-55　"参数属性"对话框

图 5-56　调整参数顺序

图 5-57　创建参照平面（一）

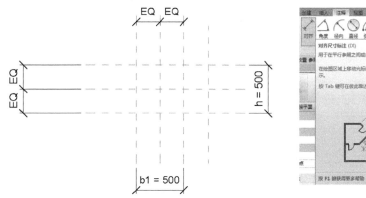

图 5-58　创建参照平面（二）

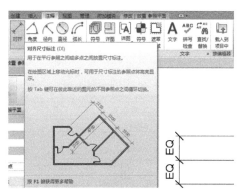

图 5-59　添加注释（一）

选中标注后，在选项栏"标签"的下拉菜单中可以选择参数，见图 5-61，这样该参数就和所选中的标注关联起来，改变参数就可以使相应参照平面的位置发生变化。位置可以拖动，选择某一标注后，拖动标注线即可改变位置。

本例将尺寸标注与参数"b"相关联，在族类型中将参数"b"的值改为 700，改变"b1＝500"标注的位置，见图 5-62。改变标注位置，对模型没有影响，可以根据个人习惯进行摆放。

（6）绘制模型形状

点击"创建"选项卡＞"形状"面板＞"拉伸"，进入编辑模式。在绘制一栏中选择绘

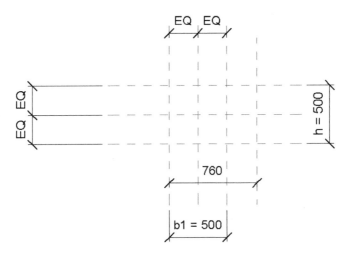

图 5-60　添加注释（二）

图 5-61　选择参数

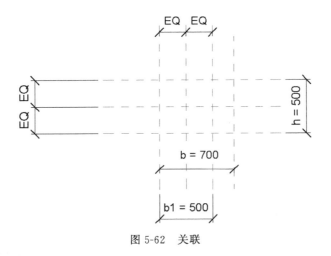

图 5-62　关联

制方式，创建供拉伸的截面形状，见图 5-63。

　　点击"创建"选项卡＞"模型"面板＞"模型线"，见图 5-64，在"绘制"面板中使用"直线"，在选项栏中勾选"链"，见图 5-65，可以连续绘制直线以绘制如图 5-66 所示形状。

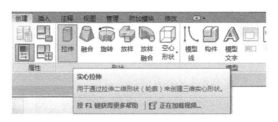

图 5-63　绘制模型形状（一）

图 5-64　绘制模型形状（二）

图 5-65　绘制模型形状（三）

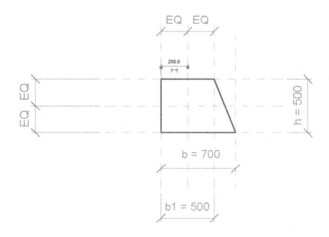

图 5-66　绘制模型形状（四）

　　模型通过"对齐""锁定"来达到固定至相应参照平面的目的。

　　点击"修改"选项卡＞"修改"面板＞"对齐"，见图 5-67，可以将一个或多个图元对齐。使用对齐命令，先选取对齐的对象，可以是图上的线或点，再选取对齐的实体中便于选择的线或点对齐。

图 5-67　对齐

本例中将绘制的梯形边界与相应的参照平面对齐。点击"对齐"命令后分三个步骤完成对齐并锁定：

① 点取参照平面，见图 5-68，参照平面被选中高亮显示；

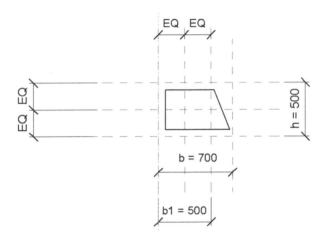

图 5-68　对齐和锁定（一）

② 鼠标移动到要对齐的边上，该边被高亮显示，见图 5-69，点取梯形左侧竖边，该边就与参照面对齐，此时图中会出现一个锁图标 ，见图 5-70；

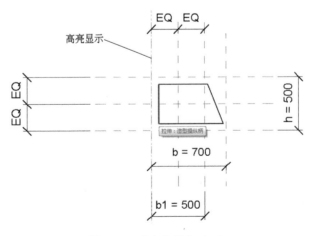

图 5-69　对齐和锁定（二）

③ 点击锁图标可以使锁关闭，变为 🔒，即完成了模型该边的"对齐""锁定"操作，见图 5-71。

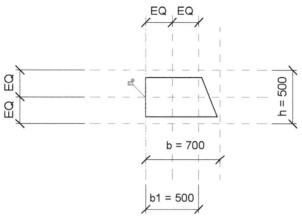

图 5-70　对齐和锁定（三）

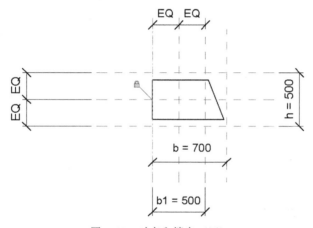

图 5-71　对齐和锁定（四）

同理，将两条直角边固定，见图 5-72 和图 5-73。

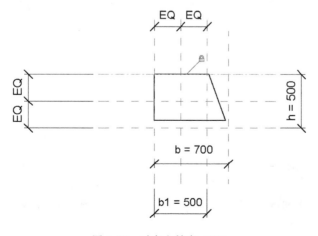

图 5-72　对齐和锁定（五）

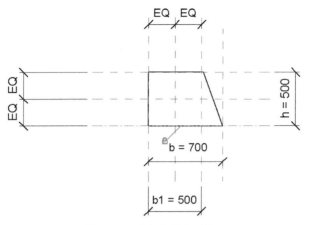

图 5-73　对齐和锁定（六）

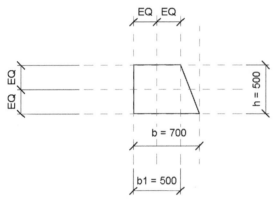

图 5-74　对齐和锁定（七）

若将斜边固定，需要将斜边的交点锁定在参照平面上。首先将点移动到要对齐的参照平面上。

再使用"对齐"命令依次点击参照平面（见图 5-74）与右上角的点（选择点时，可以把鼠标放到右上角的点位处，然后按 Tab 键，在左下角的状态栏中切换选中对象，见图 5-75，切换至斜边的点，点击斜边的点，完成"对齐""锁定"。同理，完成右下角点的锁定，见图 5-76 和图 5-77。

图 5-75　对齐和锁定（八）

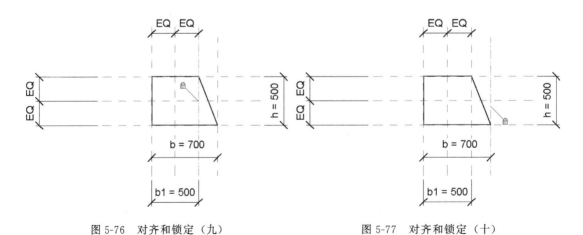

图 5-76　对齐和锁定（九）　　　　　　　　图 5-77　对齐和锁定（十）

点击"修改 | 创建拉伸"选项卡＞"模式"面板＞"✓"完成编辑模式，见图 5-78，退出创建命令。

图 5-78　完成编辑模式

选中所绘制的异形柱，在"属性"面板中改变"拉伸终点"的数值，可以改变拉伸的长度（即异形柱的长度）。见图 5-79。

图 5-79　拉伸终点

点击"项目浏览器"面板中的"立面"，转到任意立体视图，将上下边缘对齐锁定在两个标高上，见图 5-80，保证该族的构件导入项目后在立面中位置和高度的正确。

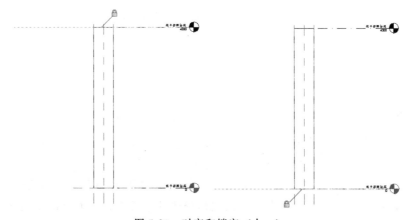

图 5-80　对齐和锁定（十一）

5.3 结构梁

5.3.1 梁的创建

新建项目，选择"结构样板"，点击"结构"选项卡＞"结构"面板＞"梁"，见图 5-81。在"属性"面板类型选择器中选择合适的梁类型，见图 5-82。

图 5-82 "属性"面板

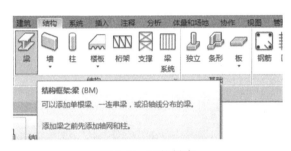

图 5-81 梁的创建

图 5-83 "属性"面板中点击"编辑类型"

这里以创建"混凝土-矩形梁 300mm×600mm"为例，说明结构框架梁的创建过程。点击"属性"面板中的"编辑类型"，见图 5-83，打开"类型属性"对话框，点击"复制"，输入新类型名称（300mm×600mm），点击"确定"完成类型的创建。然后在"类型属性"对话框中修改"尺寸标注"（b＝300，h＝600），见图 5-84。当项目中没有合适类型的梁时，可从外部载入构件族文件。

5.3.2 梁的放置

单击"梁"命令后，在"修改｜放置梁"上下文选项卡中，"绘制"面板中包含了几种不同的绘制方式，也可以点击"在轴网上"放置多根梁，见图 5-85。

在"属性"面板中有"限制条件"等参数，见图 5-86。可以在放置梁之前修改这些参数，从而修改梁的实例参数。

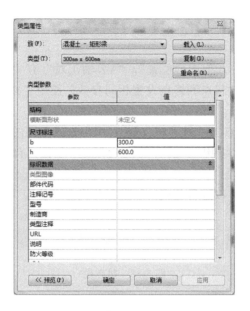

图 5-84　修改"尺寸标注"

图 5-85　在轴网上

图 5-86　限制条件

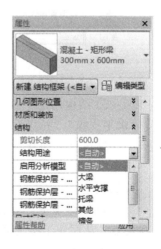

图 5-87　结构

也可以在放置后修改这些参数。

"属性"面板中主要参数说明如下。

① 参照标高：点击"限制条件"，选择"参照标高"，标高取决于放置梁的工作平面，只可读不可修改。

② YZ 轴正对：点击"几何图形位置"，"YZ 轴正对"有"独立"和"统一"两个选项。使用"统一"可为梁的起点和终点设置相同参数；使用"独立"可为梁的起点和终点设置不同参数。

③ 结构材质和装饰：点击"材质和装饰"，可以选择不同的项目材质。

④ 结构用途：点击"结构"，选择"结构用途"，有"自动""大梁"等选项，见图 5-87。

在"状态栏"中，也可以进行相应的设置，见图 5-88。

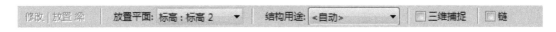

图 5-88　状态栏

"状态栏"的参数说明如下。

① 放置平面：系统会自动识别绘图区当前标高平面，不需要修改。如在结构平面标高 1 中绘制梁，则在创建梁后"放置平面"会自动显示"标高 1"，见图 5-89。

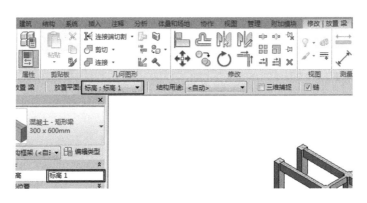

图 5-89　放置平面

② 结构用途：这个参数用于指定结构的用途，包含"自动""大梁""水平支撑""托梁""其他""檩条"等。系统默认为"自动"，会根据梁的支撑情况自动判断，用户也可以在绘制之前或之后修改结构用途。结构用途参数会被记录在结构框架的明细表中，以方便统计各种类型的结构框架的数量。

③ 三维捕捉：勾选"三维捕捉"，可以在三维视图中捕捉到已有图元上的点，从而便于绘制梁；不勾选则捕捉不到点。见图 5-90。

图 5-90　三维捕捉

④ 链：勾选"链"，可以连续地绘制梁；若不勾选，则每次只能绘制一根梁，即每次都需要点选梁的起点和终点。当梁较多且连续集中时，推荐使用此功能。见图 5-91。

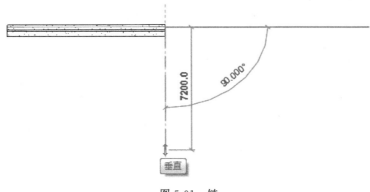

图 5-91　链

在结构平面视图的绘图区绘制梁，点击选取梁的起点，拖动鼠标绘制梁线，至梁的终点再点击，完成一根梁的绘制。

点击"梁"命令，点击"修改｜放置梁"上下文选项卡＞"多个"面板＞"在轴网上"，在轴网上添加多根"混凝土-矩形梁 300mm×600mm"。选择需要放置梁的轴线，完成梁的添加，见图 5-92。也可以按住 Ctrl 键选择多条轴线，或框选轴线。放置完成后，点击功能区"✔"完成绘制。

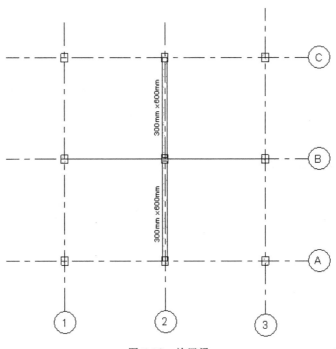

图 5-92　放置梁

放置完成后选中添加的梁，在"属性"面板中会显示出梁的属性，与放置前属性栏相比，新增了如下几项，见图 5-93。

① 起点标高偏移：梁起点与参照标高间的距离。当锁定构件时，会重设此处输入的值。锁定时只读。

② 终点标高偏移：梁终点与参照标高间的距离。当锁定构件时，会重设此处输入的值。锁定时只读。

③ 横截面旋转：控制旋转梁和支撑。从梁的工作面和中心参照平面方向测量旋转角度。

图 5-93　新增属性

5.3.3　梁系统

点击"结构"选项卡＞"结构"面板＞"梁系统"，见图 5-94。

梁系统用于创建一系列平面放置的结构梁图元。如某个特定区域需要放置等间距固定数量的次梁，即可使用梁系统进行创建。用户可以通过手动创建梁系统边界和自动创建梁系统两种方法进行创建。

图 5-94　梁系统

(1) 手动创建梁系统边界

点击"梁系统"，进入创建梁系统边界模式，点击"修改 | 创建梁系统边界"上下文选项卡＞"绘制"面板＞"边界线"，见图 5-95，可以使用面板中的各种绘图工具绘制梁边界。

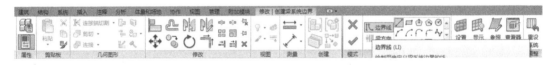

图 5-95　边界线

绘制方式有如下三种：绘制水平闭合的轮廓；通过拾取线（梁、结构墙等）的方式定义梁系统边界；通过拾取支座的方式定义梁系统边界。

① 创建梁系统。点击"修改 | 创建梁系统边界"上下文选项卡＞"绘制"面板＞"梁方向"，在绘图区点击梁系统方向对应的边界线，即选中此方向为梁的方向，见图 5-96。点击"修改 | 创建系统边界"上下文选项卡＞"模式"面板＞"✔"按钮，退出编辑模式，完成梁系统的创建。

梁系统是一定数量的梁按照一定排布规则组成的，它有自己独立的属性，与梁的属性不同。选中梁系统，在"属性"面板或"选项栏"编辑梁系统的属性，见图 5-97，主要包括布局规则、固定间距、梁类型等，用户可根据需要选择不同的布局排列规则。

图 5-96　梁方向　　　　　　　　　　　图 5-97　梁系统属性

② 删除梁系统。点击"修改│结构梁系统"上下文选项卡＞"模式"面板＞"编辑边界"，可进入编辑模式修改梁系统的边界和方向；点击"删除梁系统"可删除梁系统，见图 5-98。

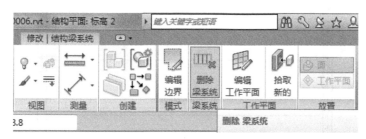

图 5-98　编辑边界和删除梁系统

（2）自动创建梁系统

当绘图区已有封闭的结构墙或梁时，启动"梁系统"命令，进入放置结构梁系统模式，功能区默认选择"自动创建梁系统"，见图 5-99。

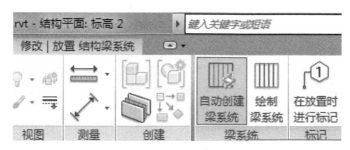

图 5-99　自动创建梁系统

见图 5-100 的选项栏显示，用户可以在此设置梁系统中的梁类型、对正以及布局规则等。

图 5-100　选项栏设置

将光标放至支座外，状态栏提示"选择某个支座以创建与该支座平行的梁系统"，见图 5-101。

图 5-101　状态栏提示

将光标移动到水平方向的支撑处，此时会显示出梁系统中各梁的中心线。点击鼠标左键，系统会自动创建水平方向的梁系统，见图 5-102。

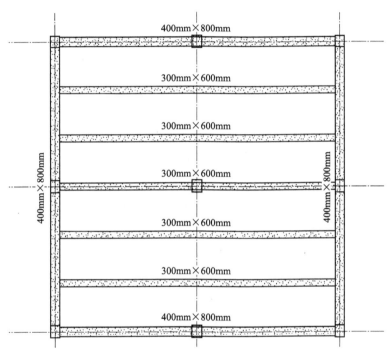

图 5-102　自动创建水平方向的梁系统

同理，光标移动到竖直方向的梁，出现一组竖直的虚线，点击鼠标左键，系统会自动创建竖直方向的梁系统，见图 5-103。创建完成后按 Esc 键退出梁系统的放置。

选中梁系统，可以在"选项栏"或"属性"面板中对梁类型和布局规则等参数进行修改。

5.3.4　实例详解

点击"结构"选项卡＞"梁"后，创建 400mm×800mm 的混凝土矩形梁，见图 5-104。

在类型选择器中选择刚刚创建的 400mm×800mm 混凝土矩形梁，在图 5-105 所示位置绘制该类型梁。

在类型选择器中选择 400mm×800mm 混凝土矩形梁，在图 5-106 所示位置添加梁，同样，添加 200mm×800mm、300mm×600mm 的梁。

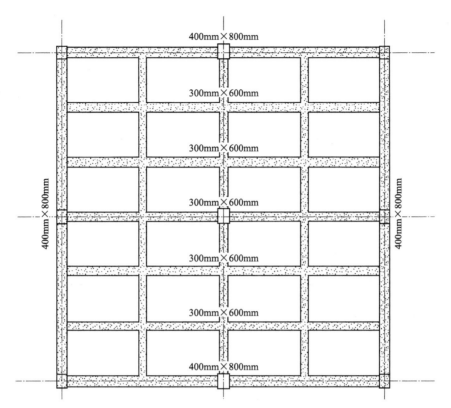

图 5-103　自动创建竖直方向的梁系统

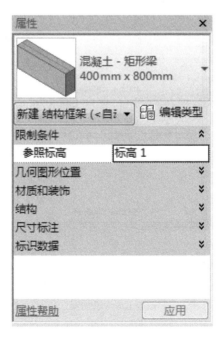

图 5-104　创建矩形梁

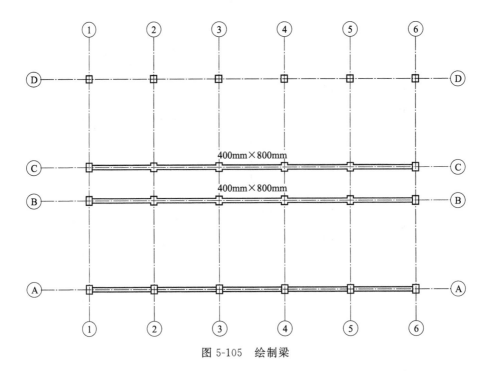

图 5-105　绘制梁

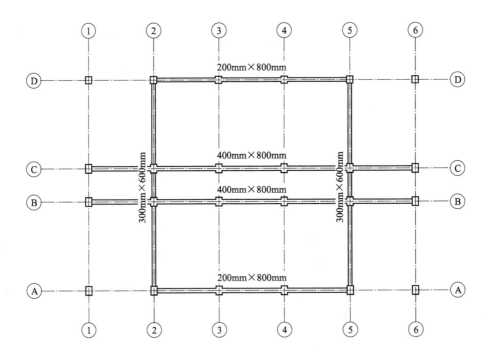

图 5-106　添加梁

本层的梁添加完成后，三维效果见图 5-107。

将所有梁"属性"面板中"结构材质"设为"＜按类别＞"。

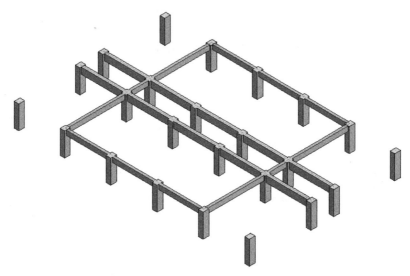

图 5-107 本层梁添加完成后的三维效果

5.3.5 结构梁族的创建

本节以变截面混凝土矩形梁为例，说明如何创建结构框架梁族。

点击"文件"＞"新建"＞"族"，弹出"新族-选择族样本"对话框。Revit 的样本库中，为结构框架提供了两个族样板："公制结构框架-梁和支撑 . rft"和"公制结构-综合体和桁架 . rft"。

(1) 选择族样板

选择"公制结构框架-梁和支撑 . rft"，进入族编辑器，见图 5-108。样板中已经预先设置好了一根矩形截面梁模型。用户可根据需要对其进行修改或删除。本例将其删除。

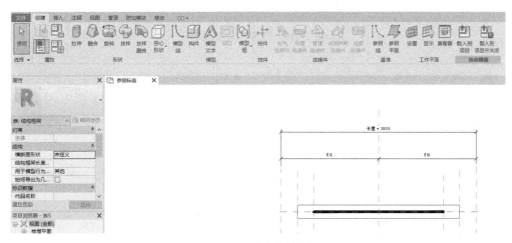

图 5-108 梁和支撑族编辑器

（2）设置"族类别"和"族参数"

点击"创建"选项卡＞"属性"面板＞"族类别和族参数"，打开"族类别和族参数"对话框。"符号表示法"设置为"从族"，"用于模型行为的材质"设置为"混凝土"，"显示在隐藏视图中"设置为"被其他构件隐藏的边缘"，见图 5-109。

（3）设置"族类型"

点击"创建"选项卡＞"属性"面板＞"族类型"，添加"b""h""h1"三个类型参数，见图 5-110。

（4）创建参照平面

进入左立面视图，绘制参照平面，并添加标注，然后将标注与参数"b""h""h1"关联，见图 5-111。

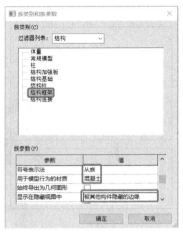

图 5-109 设置"族类别"和"族参数"

图 5-110 设置"族类型"

图 5-111 绘制参照平面（一）

继续绘制参照平面,见图 5-112。

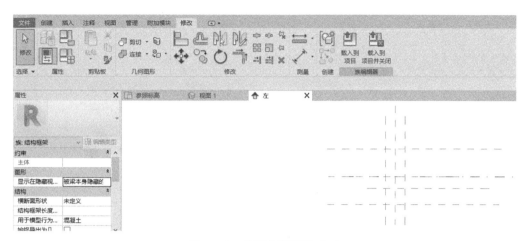

图 5-112　绘制参照平面(二)

点击"注释"选项卡>"尺寸标注"面板>"对齐"进行标注,见图 5-113。

图 5-113　对齐尺寸标注

点击" EQ "解除等分约束,并建立对齐约束,见图 5-114 和图 5-115。

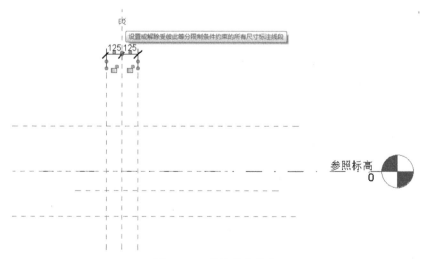

图 5-114　解除等分约束

完成其他尺寸标注,见图 5-116。

选中尺寸标注 700,点击"属性"面板的"标签"下拉菜单中的 h,将参数和尺寸关联成功,见图 5-117。

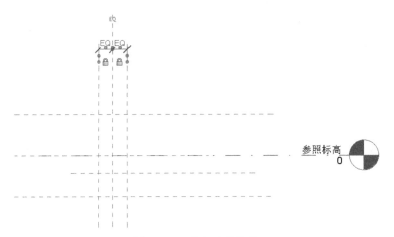

图 5-115　建立对齐约束

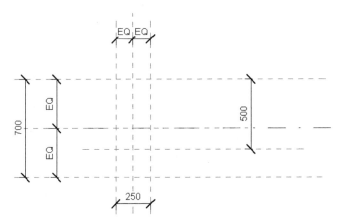

图 5-116　其他尺寸标注

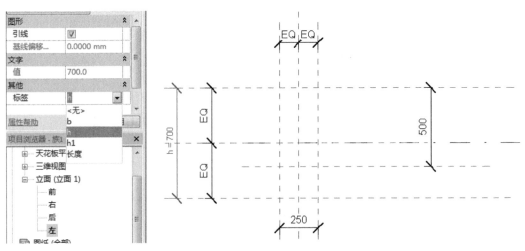

图 5-117　关联参数和尺寸

同理，关联其他参数，见图 5-118。

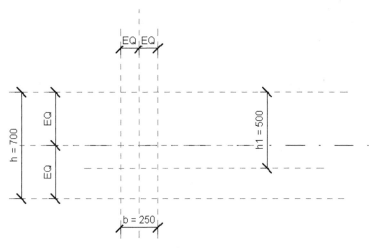

图 5-118　关联其他参数

（5）创建本例形状

采用"放样融合"命令，在选好的路径首尾创建两个不同的轮廓，并沿此路径进行放样融合，以创建首尾形状不同的变截面梁。

首先删除样本中自带的图形。在"项目浏览器"中，双击打开"楼层平面"中"参照标高"平面。

点击"创建"选项卡＞"形状"面板＞"放样融合"，进入编辑模式，"修改｜放样融合"上下文选项卡见图 5-119。在放样融合中，需要编辑"路径""轮廓 1""轮廓 2"三部分才能完成创建。

图 5-119　"修改｜放样融合"上下文选项卡

点击"修改｜放样融合"上下文选项卡＞"放样融合"面板＞"绘制路径"，在视图中，沿梁长度方向绘制路径，并将路径及端点与参照平面锁定，见图 5-120。点击"修改｜放

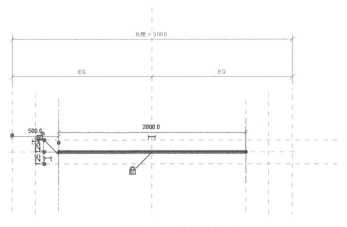

图 5-120　绘制路径

样融合"选项卡＞"绘制路径"面板＞"模式"面板＞"✔"，完成路径绘制。

　　点击"选择轮廓 1"＞"编辑轮廓"，系统将弹出"转到视图"对话框，见图 5-121。选择"立面：左"，点击"打开视图"，将转到左立面视图进行轮廓的绘制。

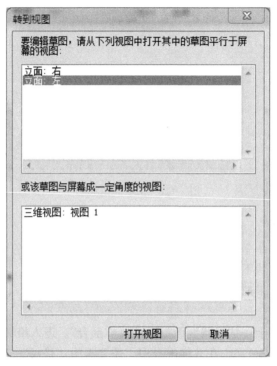

图 5-121　"转到视图"对话框

　　在左立面视图绘制截面形状，并与相应的参照平面对齐、锁定，见图 5-122。点击

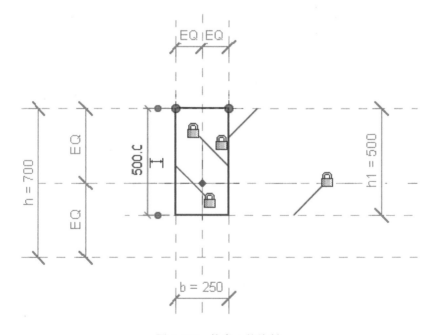

图 5-122　轮廓 1 的绘制

"放样融合"选项卡＞"编辑轮廓"面板＞"模式"面板＞"✔"完成轮廓 1 的绘制。

　　点击"选择轮廓 2"＞"编辑轮廓",在绘图区绘制界面形状,并与参照平面对齐、锁定,见图 5-123。点击按钮"✔",完成轮廓 2 的绘制。再次点击按钮"✔"完成放样融合的编辑。

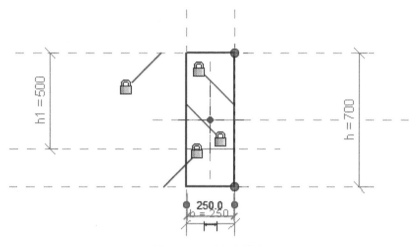

图 5-123　对齐和锁定

　　根据需要设置材质,完成框架梁族的创建,可在不同视图检查创建结构的形状是否正确。转到前立面视图,见图 5-124。三维视图效果见图 5-125。

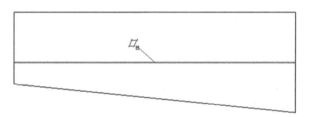

图 5-124　前立面视图

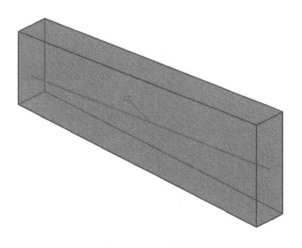

图 5-125　三维视图

5.4 结构墙

5.4.1 结构墙的创建

点击"结构"选项卡＞"结构"面板＞"墙",见图 5-126。在下拉菜单选择"墙:结构"或"墙:建筑",程序默认选择结构墙。

在"属性"面板的类型选择器中,点击"基本墙",有多种墙体可供选择,见图5-127。结构墙是系统族文件,不能通过加载族的方式添加到项目中,只能在项目中通过复制来创建新的墙类型。以创建"常规-240mm"墙为例,选择"常规-200mm",点击"编辑类型",弹出"类型属性"对话框,见图 5-128。

图 5-126 创建结构墙

图 5-127 "属性"面板

墙体的创建

墙体创建实例

图 5-128 "类型属性"对话框   图 5-129 输入新类型名称

　　点击"类型属性"对话框的"复制"，输入新类型名称"常规-240mm"，点击"确定"完成类型复制，见图 5-129。

　　在"类型属性"对话框中，点击结构一栏中的"编辑"按钮，在弹出的"编辑部件"对话框中，添加新的墙体结构层或非结构层，为各个层赋予功能、材质和厚度，以及调整组或顺序。将结构层的厚度改为 240.0，见图 5-130。

图 5-130　"编辑部件"对话框

　　点击"确认"完成编辑，回到"类型属性"对话框中，点击"确定"，完成新类型"常规-240mm"的创建。

5.4.2　结构墙的放置

　　结构墙只能在平面视图和三维视图中添加，在立体视图中无法启动命令。

　　点击"结构墙"命令，点击"修改｜放置 结构墙"上下文选项卡＞"绘制"面板，面板中有不同的绘制方式，见图 5-131。

图 5-131　"修改｜放置 结构墙"上下文选项卡

　　在"属性"面板的类型选择器中，选择所需的类型，此时用户可对"属性"面板中的参数进行修改，也可以在放置后修改。

在状态栏完成相应的设置，见图 5-132。状态栏中的参数含义如下。

| 修改 \| 放置 结构墙 | 深度：▼ | 标高 1 ▼ | 3000.0 | 定位线：墙中心线 ▼ | ☑ 链 | 偏移量：0.0 | ☐ 半径：1000.0 |

图 5-132 状态栏

① 深度/高度：表示自本标高向上/向下的界限。

② 定位线：用来设置墙体与墙体定位线之间的位置关系。

③ 链：勾选后，可以连续地绘制墙体。

④ 偏移量：偏移定位线的距离。

⑤ 半径：勾选后，右侧的输入框激活，输入半径值，绘制的两段墙体之间会以设定好的半径的弧相连接。

在"绘制"面板中，选择一个绘制工具，可以选择一种方式放置墙。点击"墙：结构"命令，在"属性"面板选择"常规-240mm"，绘制墙体，见图 5-133。

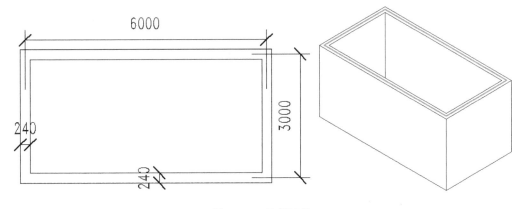

图 5-133 绘制墙体

"属性"面板中各参数的意义如下。

① 限制条件。定位线：指定墙相对于项目立面中绘制线的位置，即使类型发生变化，墙的定位线也会保持相同。

底部限制条件：指定底部参照的标高。

底部偏移：指定墙底部距离其墙底定位标高的偏移。

已附着底部：指示墙底部是否附着到另一个构件，如结构楼板，该值为只读。

底部延伸距离：指定墙层底部移动的距离。将墙层设置为可延伸时启用此参数。

顶部约束：用于设置墙顶部标高的名称。可设置为标高或"未连接"。

无连接高度：如果墙顶定位标高为"未连接"，则可以设置墙的无连接高度。如果存在墙顶定位标高，则该值为只读。墙高度延伸到在"无连接高度"中的指定值。

顶部偏移：墙距顶部标高的偏移。将"顶部约束"设置为标高时，才启用此参数。

② 结构。结构：指定墙为结构图元能够获得一个分析模型。

启用分析模型：显示分析模型，并将它包含在分析计算中，默认情况下处于选中状态。

结构用途：墙的结构用途，如承重、抗剪或者复合结构。

钢筋保护层-外部面：指定与墙外部面之间的钢筋保护层距离。

钢筋保护层-内部面：指定与墙内部面之间的钢筋保护层距离。

钢筋保护层-其他面：指定与邻近图元面之间的钢筋保护层距离。

③ 尺寸标注。长度：指定墙的长度。该值为只读。

面积：指定墙的面积。该值为只读。

体积：指定墙的体积。该值为只读。

④ 标识数据。注释：用于输入墙注释的字段。

标记：为墙所创建的标签，对于项目中的每个图元，此值都必须是唯一的。如果此数值已被使用，Revit 会发出警告信息，但允许用户继续使用它。

⑤ 阶段化。创建的阶段：指明在哪一个阶段中创建了墙构件。

拆除的阶段：指明在哪一个阶段中拆除了墙构件。

5.4.3　结构墙的修改

已放置的墙体可以编辑轮廓、设置墙顶或底部与其他构件的附着。

点击已布置的墙体，在"修改｜墙"上下文选项卡会显示出"修改｜墙"的面板，见图 5-134。

图 5-134　"修改｜墙"上下文选项卡

（1）编辑轮廓

进入南立面视图，选中墙体，点击"编辑轮廓"。双击墙体也可以进入编辑轮廓界面。

在编辑轮廓的模式下，所选中的墙会被高亮显示，见图 5-135。用户可以修改墙现有的轮廓线，也可以添加新的轮廓线。

图 5-135　编辑轮廓

本例中，为墙添加门窗洞口。

点击"绘制"面板中的"▭"命令，在墙上绘制矩形洞口。点击鼠标开始绘制，移动鼠标，会显示出洞口尺寸大小，再次点击鼠标完成绘制，在矩形的周围会显示出洞口尺寸以及距离墙外轮廓的距离。此时，鼠标点击数值，对数值进行编辑，可对洞口位置进行修改。见图 5-136。

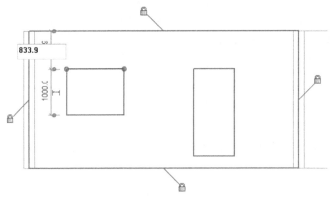

图 5-136   添加门窗洞口

编辑完成后，点击"修改｜编辑轮廓"上下文选项卡＞"模式"面板＞"✔"按钮，退出编辑模式。

在墙上添加洞口，也可以使用"洞口"命令添加。"洞口"命令的使用，会在本章的实例应用中详细说明。

（2）附着顶部/底部

该命令可以将墙体顶部或底部的轮廓线附着到楼板、楼梯和上下对齐的墙上。附着后，该轮廓线便固定在相应的构件上，用户不能对该轮廓线进行拖动。如果需要取消附着，点击"分离顶部/底部"命令。下节会对附着进行举例说明。

5.5   结构楼板

5.5.1   结构楼板的创建

"楼板：结构"命令：点击"结构"选项卡＞"结构"面板＞"楼板"，或按快捷键"SB"。

在下拉菜单中，可以选择"楼板：结构""楼板：建筑"或"楼板：楼板边"，见图 5-137。点击图标或使用快捷键启动命令后，程序会默认选择"楼板：结构"。

图 5-137   结构楼板的创建

结构楼板也是系统族文件，只能通过复制的方式创建新类型。

启动命令后，在功能区会显示"修改丨创建楼板边界"选项卡，包含了楼板的编辑命令，默认选择为"边界线"，其中包含了绘制楼板边界线的工具，见图 5-138。

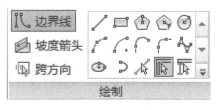

图 5-138　边界线

在"属性"面板的类型选择器中，选择"常规-300mm"，点击"编辑类型"，在弹出的"类型属性"对话框中点击"复制"，在弹出的对话框中为新创建的类型命名为"常规-200mm"，见图 5-139。

点击"类型属性"对话框中的"编辑"按钮，在弹出的"编辑部件"对话框中设置结构层的厚度为 200.0，点击"确定"完成更改，然后点击"确定"完成类型创建，结果见图 5-140。

图 5-139　命名

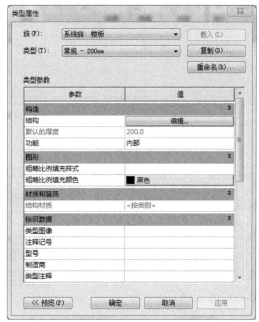

图 5-140　完成"常规-200mm"类型创建

5.5.2　结构楼板的放置

在"属性"面板类型选择器中，选择好楼板类型后，进行楼板放置。"属性"面板中，楼板各实例参数的含义后面会介绍。

（1）绘制边界

在"绘制"面板＞"边界线"中选择合适的楼板边界的绘制方式，本例选择"直线"。在选项栏中，可以进行绘制时定位线的相关设置，见图 5-141。选项栏中的内容会随着绘制方式的改变而改变。

① 链：默认为选中状态，可以连续地绘制边界线，用户也可根据需要取消勾选。

② 偏移量：设置边界线偏移所绘制定位线的距离，以方便用户创建悬臂板。

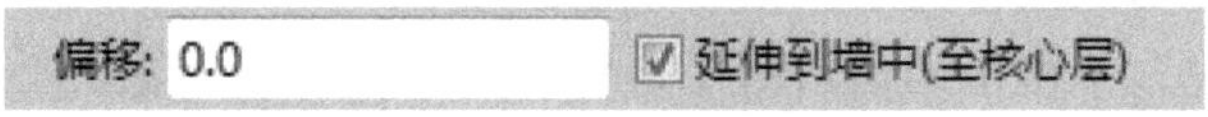

偏移: 0.0　　　　　☑ 延伸到墙中(至核心层)

图 5-141　设置定位线

③ 半径：勾选后，右侧的输入框激活，输入半径值，绘制的两段定位线之间会以设定好半径的弧相连接。

为上节创建的墙添加双坡屋顶，进入标高 2，使用前面创建的"常规-200mm"楼板，在绘图区域绘制如图 5-142 所示的楼板的边缘。

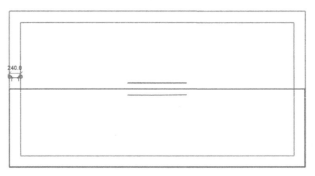

图 5-142　绘制楼板的边缘

（2）创建倾斜结构模板

点击"坡度箭头"按钮，可以创建倾斜结构模板。不添加坡度箭头，程序会创建平面模板。点击"绘制"面板中" 坡度箭头"绘制坡度箭头，有两个绘制箭头的工具，" "和" "，" "被默认选中。

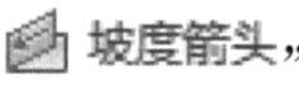

第一次点击鼠标左键，确定坡度箭头的起点，此时显示出一条带有箭头的蓝色虚线。将鼠标移至坡度线的终点，再次点击鼠标左键，完成坡度箭头的创建。在绘图区用鼠标绘制，如图 5-143。

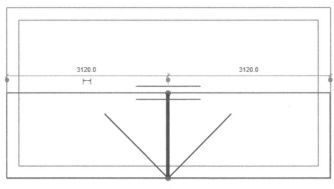

图 5-143　创建倾斜结构模板

点击鼠标确定终点后，"属性"面板会显示坡度箭头的相关属性。在属性面板中完成设置，见图 5-144。相关参数说明如下：

① 指定：包含"尾高"和"坡度"两个选项，默认选择尾高。

② 最低处标高、尾高度偏移：这两项对应坡度箭头起点，即没有箭头的一端。在"最低处标高"一栏选择一个标高；"尾高度偏移"设置楼板在坡度起点处相对于该标高的偏移量。

③ 最高处标高、头高度偏移：这两项对应设置坡度箭头终点，各项含义与②类似。

（3）跨方向

用户可以使用"绘图"面板里的"直线"和"拾取线"工具来设定楼板的跨方向。跨方向指楼板放置的方向。使用楼板跨方向符号更改楼板的方向。

完成上述操作后，点击"修改｜编辑轮廓"面板＞"模式"选项卡＞"✔"按钮，退出编辑模式，此时程序会弹出提示框，见图 5-145。此处点击"否"，用同样的方法，完成另一半楼板的创建。若选择"是"，墙体将会附着在楼板上。下面介绍通过"附着顶部/底部"命令完成该操作的方法。

图 5-144　坡度箭头相关属性

进入东立面视图，选中墙体点击"修改｜墙"选项卡＞"修改墙"面板＞"附着顶部/底部"，点击楼板，可将墙的顶部附着在楼板上，见图 5-146。同样，完成墙体对另一半楼板的附着。进入西立面视图，将墙体顶部附着在楼板上。

图 5-145　提示框

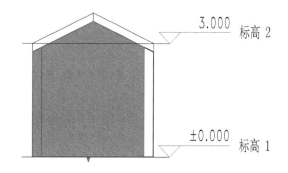

图 5-146　另一半楼板的创建

添加楼板，点击"结构"选项卡＞"结构"面板＞"楼板"中的"楼板：楼板边"。点击需要添加楼板边的楼板边缘线，点击图标调整楼板边缘方向。在平面、立面、三维视图中均可进行楼板边缘的创建。为了方便观察和调整，建议在三维视图中完成创建。添加后效果见图 5-147。

楼板"属性"面板中的参数介绍如下。

① 限制条件。标高：设置将楼板约束到的标高。

自标高的高度偏移：指定楼板顶部相对标高参数的高程。

房间边界：表明楼板是房间边界图元。

与体量相关：指示此图元是从体量图元创建的，该值为只读。

② 结构。结构：指示此图元有一个分析模型。

启用分析模型：显示分析模型，并将它包含在分析计算中。默认情况下处于选中

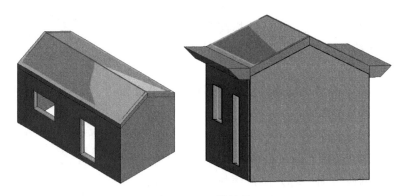

图 5-147　三维效果

状态。

钢筋保护层-顶面：指定与楼板顶面之间的钢筋保护层距离。

钢筋保护层-底面：指定与楼板底面之间的钢筋保护层距离。

钢筋保护层-其他面：指定从楼板到临近图元之间的钢筋保护层距离。

③尺寸标注。坡度：将坡度定义线修改为指定值，而无需编辑草图。如果有一条坡度定义线，则此参数最初会显示一个值。如果没有坡度定义线，则此参数为空并被禁用。

周长：指定楼板的周长，该值为只读。

面积：指定楼板的面积，该值为只读。

体积：指定楼板的体积，该值为只读。

顶部高程：指示用于对楼板顶部进行标记的高程。这是一个只读参数，它报告倾斜平面的变化。

底部高程：指示用于对楼板底部进行标记的高程。这是一个只读参数，它报告倾斜平

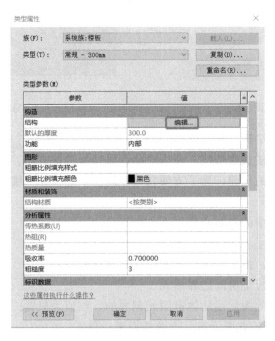

图 5-148　编辑楼板结构

面的变化。

　　厚度：设置楼板的厚度。默认的厚度是一个只读值，不能编辑。改变楼板厚度，可以直接点击"编辑"，编辑楼板的构造层，见图 5-148。

5.5.3　实例详解

（1）向项目中添加墙

　　打开"结构框架梁实例"，进入"标高 2"平面视图。启动结构墙命令，在"属性"面板类型选择器中，选择基本墙中的"常规-300mm"，见图 5-149。在选项栏中设置"高度""3.5"。

　　在绘图区域添加墙体，添加时注意一段一段地添加。点取柱子轮廓与轴线的交点作为墙体的起、终点，见图 5-150。

图 5-149　属性

图 5-150　分段添加

　　如果不分段，直接添加整面墙体，或是分段绘制时点取了结构柱的中心点，墙体会作为整片墙体剪切结构柱，见图 5-151。按照整片墙的方法创建，在配筋时无法单独对其中的某片墙体添加配筋。因此，这里采用分段添加的方法。

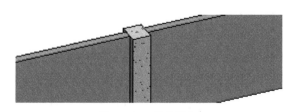

图 5-151　整片添加

　　在图 5-152 所示位置完成墙体放置。

　　打开"3.5"平面视图，调整柱的位置，使用"对齐"命令使柱和梁与墙的外边缘线对齐，并调整墙端点，使其位于柱的边界，见图 5-153，其余柱同理，完成柱的布置见图 5-154。

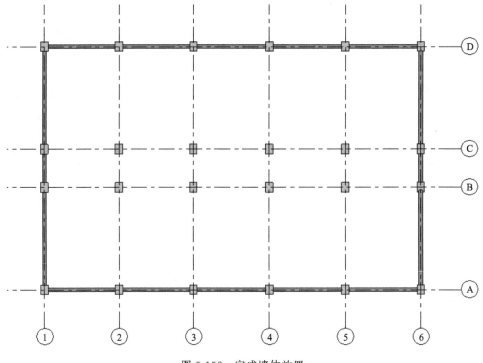

图 5-152 完成墙体放置

图 5-153 对齐柱和梁与墙的外边缘

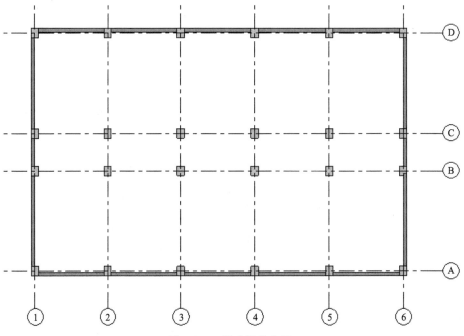

图 5-154 完成柱的布置

　　进入南立面视图，方便观察墙体和洞口，此处视觉样式设为"隐藏线"。在所添加的墙体上添加洞口，所有洞口尺寸为 1200mm×1200mm，洞口底部高度（窗台高）为 900mm，位于墙体的居中位置。

　　以①、②轴间的墙体为例。点击"结构"选项卡＞"洞口"面板＞"墙"，见图 5-155，启动"墙洞口"命令。

图 5-155　"墙洞口"命令

　　选择需要添加洞口的墙，用鼠标左键选定洞口对准点，大小、位置随意，完成绘制。选中所添加的洞口，会显示出各部分的尺寸，见图 5-156。通过这些尺寸调整洞口大小和位置。点击尺寸标注的数字，变为可编辑状态，根据轴线间间距和层高，调整洞口的位置和大小。在属性栏中调整洞口的方向尺寸。将"顶部偏移"设为"一1100"，"底部偏移"设为"2400"。完成后效果见图 5-157。

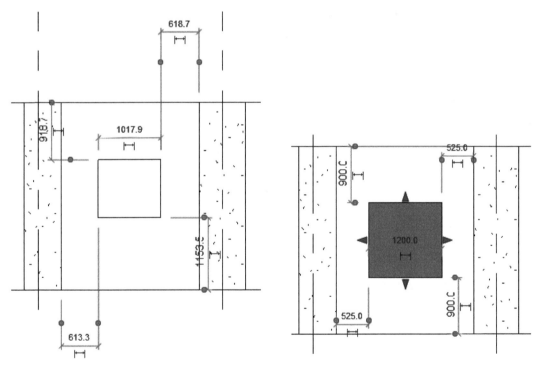

图 5-156　添加洞口

　　按照类似的方法，为本层的墙体添加洞口。添加完成后，效果见图 5-158。

(2)　向项目中添加楼板

　　进入"标高"平面视图，启动"楼板"命令，创建"常规-120mm"类型的楼板。

　　选择矩形绘制方式。点击对角两个轴线的交点，沿最外侧梁和墙的轴线创建楼板边界，见图 5-159。绘制完边界后点击图标，系统会弹出如图 5-160 所示的提示框。用户可

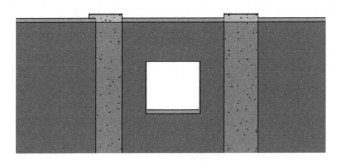

图 5-157　完成后效果

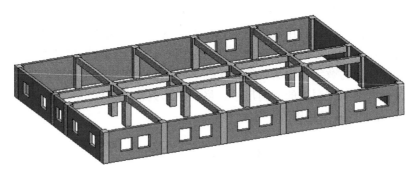

图 5-158　为本层的墙体添加洞口

根据需要进行选择，这里选择"否"。

图 5-159　创建楼板边界

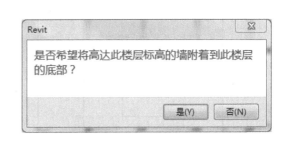

图 5-160　提示框

　　添加完楼板后，被楼板遮挡的墙和梁将以虚线的形式显示，见图 5-161。图中已将同楼板一起生成的跨方向符号删除。

　　然后为楼板添加洞口，楼梯间的位置位于④～⑤轴和Ⓐ～Ⓑ轴。

　　点击"结构"选项卡＞"洞口"面板＞"按面"，见图 5-162，启动面洞口命令。

　　状态栏给出操作提示，见图 5-163。

　　选中需要添加洞口的楼板，进入编辑模式，创建洞口边界。可以在"修改│创建洞口边界"选项卡的"绘制"面板中选择矩形绘制方式绘制洞口，见图 5-164。

　　点击"模式"面板的"✔"，完成洞口创建，见图 5-165。

　　由于楼板和墙的结构层材质默认为"按类别"，本例中不再进行设置。

　　至此，此项目中上部结构的建模已经介绍完，请读者使用同样的方法，完成 2～6 层的创建。下面介绍一种复制本标高构件到其他标高的快速建模方法。

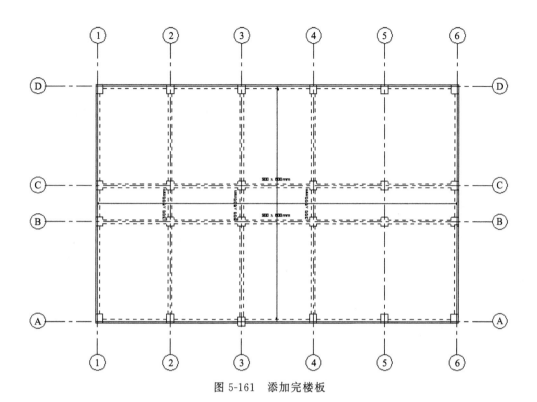

图 5-161　添加完楼板

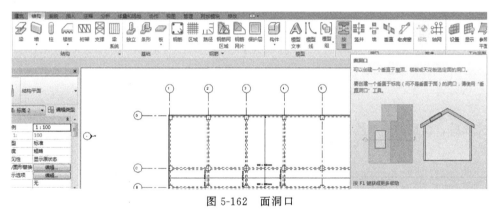

图 5-162　面洞口

图 5-163　状态栏提示

图 5-164　选择矩形绘制方式

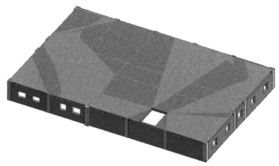

图 5-165　完成洞口创建

选中一层的全部结构，可在立面或三维视图中进行选择。点击"修改｜选择多个"上下文选项卡＞"剪贴板"面板＞"复制到剪贴板"，点击"粘贴"下拉菜单中的"与选定的标高对齐"，见图 5-166，弹出"选择标高"对话框，选择"3.5"。

图 5-166　"粘贴"下拉菜单

完成后，模型的三维效果见图 5-167。

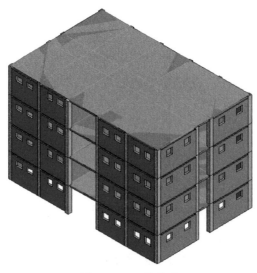

图 5-167　三维效果

如果各层的层高不同，还需对复制的构件进行调整。选中构件后，在"属性"面板中对"楼板"的"标高"，"梁"的"参照标高"，"柱"的"底部和顶部标高"，以及洞口位置等进行调整，这里不再详细叙述。

5.6 基础

Revit 中的基础包含独立基础、条形基础和基础底板三种类型。

5.6.1 独立基础

"结构基础：独立"命令：点击"结构"选项卡＞"基础"面板＞"独立"，见图 5-168。

图 5-168 结构基础：独立

启动"结构基础：独立"命令后，在"属性"面板类型选择器下拉菜单中选择合适的独立基础，如果没有合适的尺寸类型，可以在"属性"面板"编辑类型"中通过"复制"的方法创建新类型，见图 5-169。如果没有合适的族，可以载入外部族文件，具体的操作方法前面章节已详细介绍。

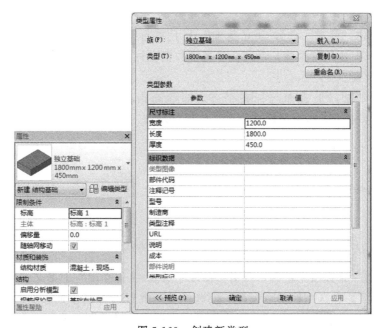

图 5-169 创建新类型

在放置前，可对"属性"面板中"标高"和"偏移量"两个参数进行修改，调整放置的位置。下面对"属性"面板中的一些参数进行说明。

① 限制条件。标高：将独立基础约束到的标高。默认为当前标高平面。

主体：将独立基础主体约束到的标高。

偏移量：指定独立基础相对其标高的顶部高程。正值向上，负值向下。

② 尺寸标注。底部高程：指示用于对基础底部进行标记的高程。只可读不可修改，它报告倾斜平面的变化。

顶部高程：指示用于对基础顶部进行标记的高程。只可读不可修改，它报告倾斜平面的变化。

类似结构柱的放置，独立基础的放置有三种方法。

方法 1：在绘图区点击直接放置，如果需要旋转基础，可在放置前勾选选项栏中的"放置后旋转"，见图 5-170；或者在点击鼠标放置前按"空格"键进行旋转。

图 5-170　放置后旋转

方法 2：点击"修改｜放置 独立基础"上下文选项卡＞"多个"面板＞"在轴网处"，见图 5-171，选择需要放置基础的相交轴网，按住 Ctrl 键可以选择多个，也可以通过用鼠标从右下往左上框选的方式来选中轴网。

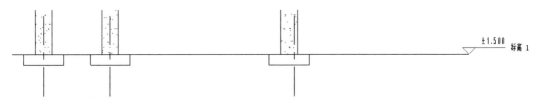

图 5-171　在轴网处

方法 3：点击"修改｜放置 独立基础"上下文选项卡＞"多个"面板＞"在柱上"，选择需要放置基础处的结构柱，系统会将基础放置在柱底端，并且自动生成预览效果，点击"✔"完成放置。

Revit 中的基础，上表面与标高平齐，即标高指的是基础构件顶部的标高，见图 5-172。如需将基础底面移动至标高位置，使用"对齐"命令即可。

±1.500 标高 1

图 5-172　基础构件顶部的标高

在三维视图中放置独立基础，点击"修改｜放置 独立基础"上下文选项卡＞"多个"面板＞"在柱上"，在选项栏的"标高"处选择基础放置的标高平面，然后再选择需要放置基础处的结构柱，点击"完成"。用户也可以直接在三维视图中放置。

Revit 中基础有体积重合时，会自动连接，但是无法放置多柱独立基础，只能按照单柱独立基础输入。

5.6.2 条形基础

"结构基础：墙"命令：点击"结构"选项卡＞"基础"面板＞"条形"，见图 5-173，或按快捷键"FT"。

图 5-173 结构基础：墙

在"属性"面板类型选择器下拉菜单中选择合适的条形基础类型，主要有"承重基础"和"挡土墙基础"两种，默认结构样板文件中包含"承重基础-900×300"和"挡土墙基础-300×600×300"，见图 5-174，用户可根据实际工程情况进行选择。

不同于独立基础，条形基础是系统族，用户只能在系统自带的条形基础类型下通过复制的方法添加新类型，不能将外部的族文件加载到项目中。点击"属性"面板中的"编辑类型"，打开"类型属性"对话框，点击"复制"，输入新类型名称，点击"确定"完成类型创建，然后在"类型属性"对话框修改参数，注意选择基础的结构用途，见图 5-175。

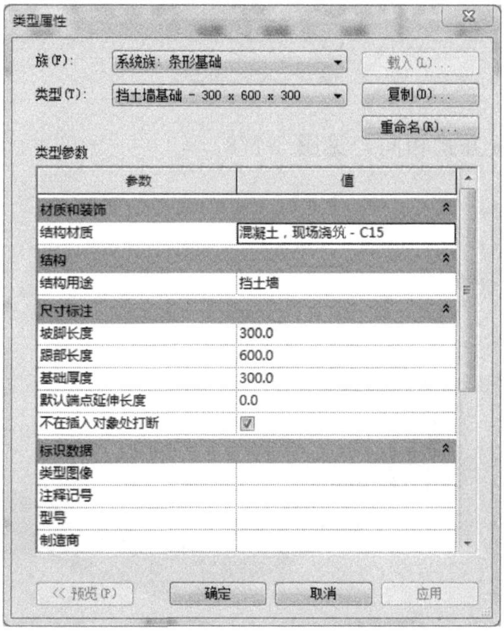

图 5-174 属性

图 5-175 类型属性

下面对类型参数进行说明。

● 坡脚长度：设置挡土墙边缘到基础外侧面的距离。

● 跟部长度：设置挡土墙边缘到基础内侧面的距离。

● 宽度：设置承重基础的总宽度。

● 基础厚度：设置基础的高度。

● 默认端点延伸长度：设置基础延伸到墙端点之外的距离。

● 不在插入对象处打断：设置基础在插入点（如延伸到墙底部的门和窗等洞口）下是连续还是打断，默认为勾选。

条形基础是依附于墙体的，所以只有在有墙体存在的情况下才能添加条形基础，并且条形基础会随着墙体的移动而移动，如果删除条形基础所依附的墙体，则条形基础也会被删除。在平面标高视图中，条形基础的放置有两种方法。

方法 1：在绘图区直接依次点击需要使用条形基础的墙体，见图 5-176。

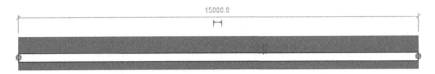

图 5-176　方法 1

方法 2：点击"修改｜放置 条形基础"上下文选项卡＞"多个"面板＞"选择多个"，见图 5-177，按 Ctrl 键依次点击需要使用条形基础的墙体，或者直接框选，然后点击"完成"。

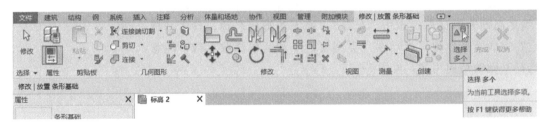

图 5-177　方法 2

在三维视图中的放置方式相同，见图 5-178。

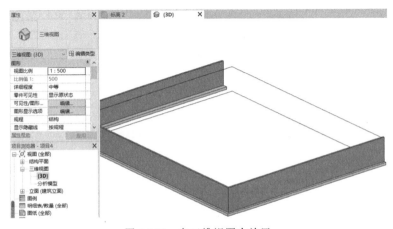

图 5-178　在三维视图中放置

完成后，按 Esc 键退出放置模式。

点击选中条形基础，可对放置好的条形基础进行修改。对于承重基础，可在"属性"面板修改"偏心"，即基础相对于墙的偏移距离，见图 5-179，正值向外侧，负值向内侧。"属性"面板中其他参数含义与独立基础相同，此处不再详细介绍。

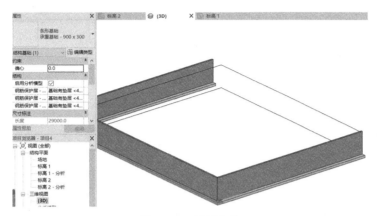

图 5-179　设置参数

设置条形基础在门下打断，点击"属性"面板中的"编辑类型"，在"类型属性"对话框中可对"不在插入对象处打断"进行选择，默认勾选，见图 5-180。

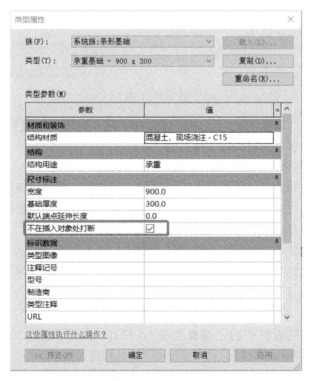

图 5-180　类型属性

图 5-181 所示是勾选和不勾选的对比。

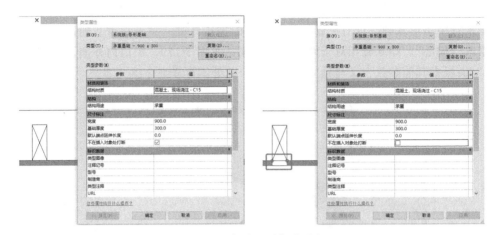

图 5-181 勾选和不勾选对比

5.6.3 基础底板

"结构基础：楼板"命令：点击"结构"选项卡＞"基础"面板＞"板"，见图 5-182。

图 5-182 板

和条形基础一样，基础底板也是系统族文件，用户只能使用复制的方法添加新的类型，不能从外部加载自己创建的族文件。

"板"下拉菜单包含"结构基础：楼板"和"楼板：楼板边"两个命令，其中"楼板：楼板边"命令的用法和前面"结构楼板"中的楼板边相同，此处不再赘述。基础底板可用于建立平整表面上结构楼板的模型，也可以用于建立复杂基础形状的模型。基础底板与结构楼板最主要的区别是基础底板不需要其他结构图元作为支座。

点击"板"下拉菜单中的"结构基础：楼板"，进入创建楼层边界模式，在"属性"面板中类型选择器下拉菜单中选择合适的基础底板类型，默认结构样板文件中包含四种类型的基础底板，分别是"150mm 基础底板""200mm 基础底板""250mm 基础底板""300mm 基础底板"，用户根据需要选择合适的类型。

然后点击"属性"面板中的"编辑类型"，打开"类型属性"对话框，见图 5-183，点击"编辑"，进入"编辑部件"，见图 5-184，对结构进行编辑。

在"编辑部件"对话框中，可以修改基础底板的厚度和材质，还可以添加其他不同的结构层和非结构层，这些选项和普通结构楼板的设置基本相同。

基础底板类型设置完后，可通过"绘制"面板中绘图工具在绘图区绘制基础底板的边界，绘制完成后点击"✔"，基础底板添加完毕。

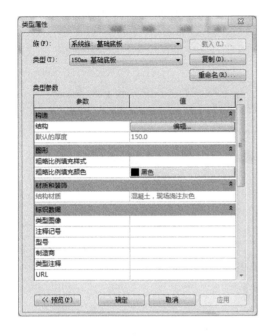

图 5-183　类型属型

图 5-184　编辑部件

5.6.4　基础实例详解

　　添加柱下独立基础：在"－2.1"平面视图中，点击"结构"选项卡＞"基础"面板＞"独立"，在"属性"面板中点击"编辑类型"对话框，"类型属性"对话框中点击"载入"，见图 5-185，在弹出的"打开"对话框中，依次打开"结构"＞"基础"，打开"独立基础-三阶.rfa"文件，如图 5-186 所示。

图 5-185　类型属性

弹出独立基础-三阶"类型属性"对话框,将尺寸标注修改成所需要的尺寸,见图5-186。

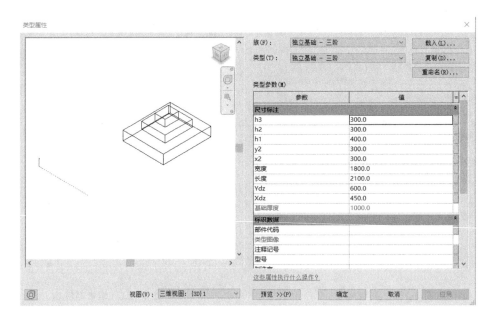

图 5-186 修改尺寸

点击"类型属性"下端的" 预览 >>(P) "可以看到修改尺寸之后的基础视图,见图5-187。

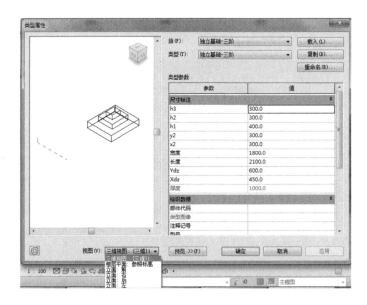

图 5-187 预览

进入"标高 1"平面视图,进行"独立基础-三阶"的布置。布置完成后如图 5-188所示。

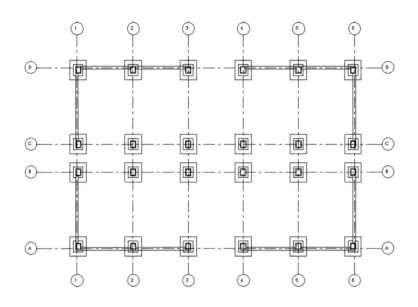

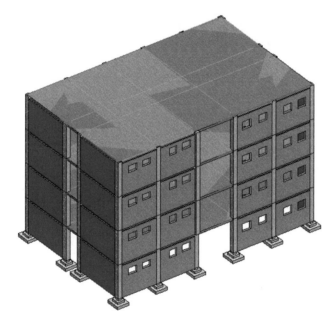

图 5-188　布置完成

5.6.5　基础族的创建

本节以承台桩基础为例，介绍如何使用族编辑器创建基础族。点击"文件"＞"新建"＞"族"，弹出"新族-选择样板文件"对话框，见图 5-189。

5.6.5.1　创建桩

（1）选择族样板

选择"公制结构基础.rft"族样板文件，点击"打开"，进入族编辑器，见图 5-190。

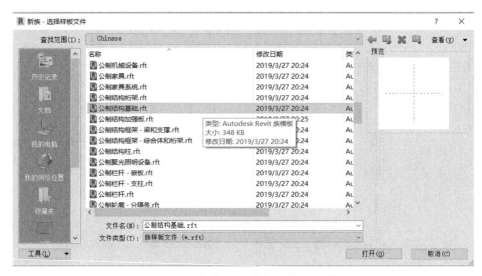

图 5-189 "新族-选择样板文件"对话框

图 5-190 族编辑器

(2) 设置族类别和族参数

点击"创建"选项卡＞"属性"面板＞"族类别和族参数",见图 5-191(a),弹出"族类别和族参数"对话框。结构基础样板默认将族类别设为"结构基础"。将"用于模型行为的材质"改为"混凝土",勾选"共享",其余参数不做修改,见图 5-191(b)。

对话框中的参数介绍如下。

基于工作平面:勾选后,在设置基础时,可以放置在某一工作平面上,而不仅仅放置于标高平面上。

总是垂直:程序默认为勾选,基础不能倾斜放置。如果不勾选,基础相对于水平面可以有一定的角度。

加载时剪切的空心:勾选后,当基础载入项目后,基础在被带有空心且基于面的实体

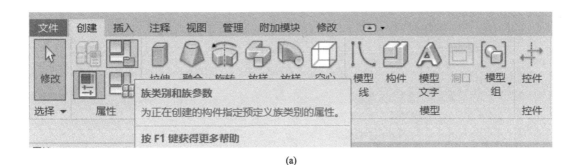

(a)

(b)

图 5-191 设置族类别和族参数

切割时，能够显示出被切割的空心部分。

用于模型行为的材质：设置基础的材料类型，可以选择"钢""混凝土""预制混凝土""材质""其他"。

管帽：勾选后，底面标高将会从基础的最高底面标高算起；若不勾选，底面标高将会从基础的最低底面标高算起。

共享：勾选"共享"选项，当这个族作为嵌套族载入到父族后，当父族被载入到项目中时，嵌套族也能在项目中被单独调用。

（3）设置族类型和参数

点击"创建"选项卡＞"属性"面板＞"族类型"，见图 5-192，打开"族类型"对话框。在其中创建"桩径""桩顶埋入承台长度""桩长""桩尖长度""r"参数，并设为实例参数。在参数"r"公式中输入"桩径/2"，见图 5-193。

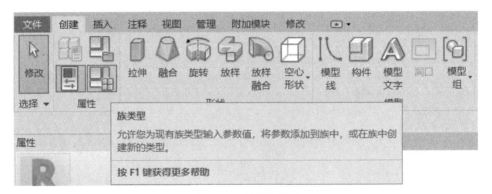

图 5-192　创建族类型

图 5-193　设置族类型参数

如果不锁定标记的尺寸标注，可以移动已受长度参数约束的参照平面或参照线，然后调整族。如果锁定尺寸标注，则无法通过移动参照平面或参照线调整族。若要调整尺寸标注已锁定的族，必须在"族类型"对话框中修改相应参数值。

(4) 创建参照线、平面

在"参照标高"视图中，见图 5-194，点击"创建"选项卡＞"基准"面板＞"参照线"，绘制圆形参照线，添加直径的尺寸标注，并与参数"桩径"关联。然后绘制与圆形参照线左右两端相切的参照平面，添加尺寸标注，并与参数"r"相关联，见图 5-195。这两个参照平面用来控制桩尖的尺寸。

在"前立面"视图中，绘制参照平面，并添加尺寸标注，然后将标注与"桩尖长度""桩长""桩顶埋入承台长度"参数相关联，见图 5-196。

(5) 绘制形状

在平面视图中绘制桩截面。进入"参照标高"视图，使用"拉伸"命令，在"绘图"面板选择"圆形"。见图 5-197。

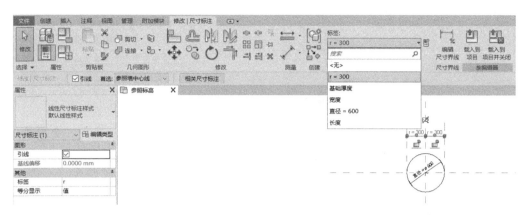

图 5-194　参照标高视图

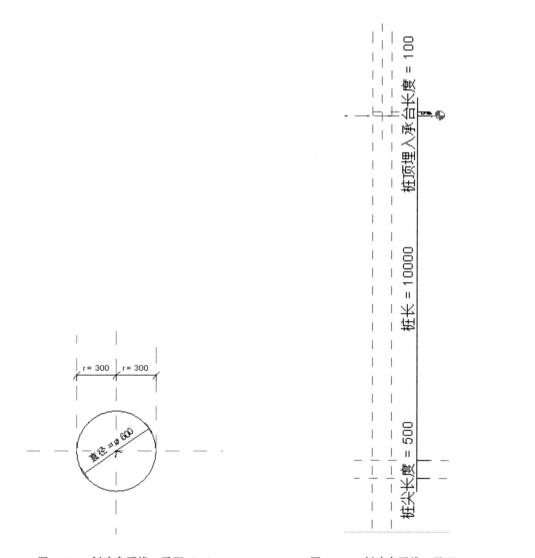

图 5-195　创建参照线、平面（一）　　　　　　图 5-196　创建参照线、平面（二）

绘制图形并与圆形参照线对齐锁定。对齐锁定时，使用"对齐"命令，先点击参

图 5-197　选择"圆形"

照线显示参照线被选中，之后点击拉伸的圆形二者便对齐。将锁形图标锁定，完成锁定，见图 5-198。之后点击图标"✔"，完成拉伸形状的创建。

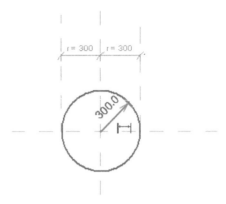

图 5-198　绘制形状（一）

将两侧的参照平面和拉伸的圆形对齐锁定。先点击参照平面，选中后点击拉伸的圆与参照平面的切点，出现锁形图标后锁定。同理，将另外一侧也对齐锁定。见图 5-199。

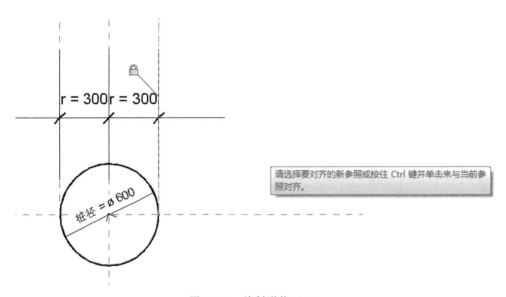

图 5-199　绘制形状（二）

进入前立面视图，将拉伸形状的上下端与相应的参照平面对齐锁定，见图 5-200。

创建桩尖。在前立面视图中，点击"创建"选项卡＞"形状"面板＞"旋转"，弹出"工作平面"对话框，在名称右侧的下拉菜单中选择"参照平面：中心（前/后）"，见图

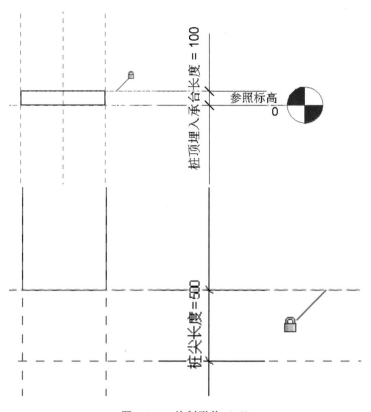

图 5-200　绘制形状（三）

5-201。之后，功能区会显示"修改︱创建旋转"上下文选项卡，包含了创建旋转的命令，默认选择"边界线"，见图 5-202。

图 5-201　工作平面

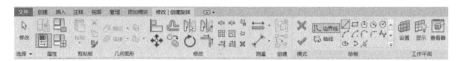

图 5-202　"修改｜创建旋转"上下文选项卡

完成旋转需要创建边界和轴线，在绘图区域绘制如图 5-203 所示形状。

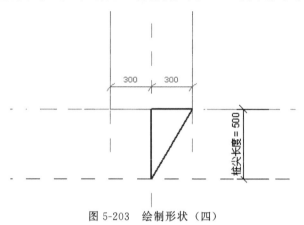

图 5-203　绘制形状（四）

绘制轴线，见图 5-204，点击"✔"，完成创建。

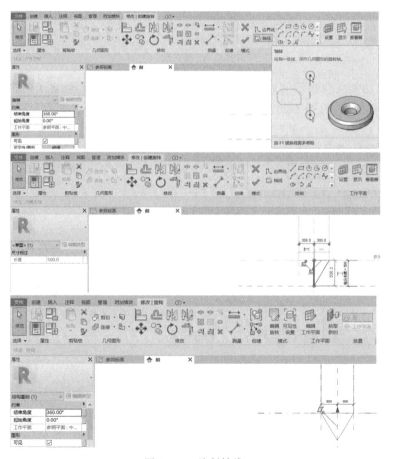

图 5-204　绘制轴线

完成桩的创建，三维视图如图 5-205 所示。

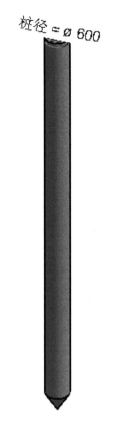

图 5-205　三维视图

（6）添加子类别

点击"管理"选项卡＞"设置"面板＞"对象样式"，打开"对象样式"对话框。点击"修改子类别"一栏中"新建"，在弹出的"新建子类别"对话框名称一栏中输入"桩"，点击"确定"回到"对象样式"对话框。此时可以看到新创建的"桩"子类别，点击"确定"完成创建。见图 5-206。

之后，在任意视图中，选中桩的全部实体，即桩和桩尖，在"属性"面板中，将子类别选为"桩"，见图 5-207，完成创建。

(a)

图 5-206

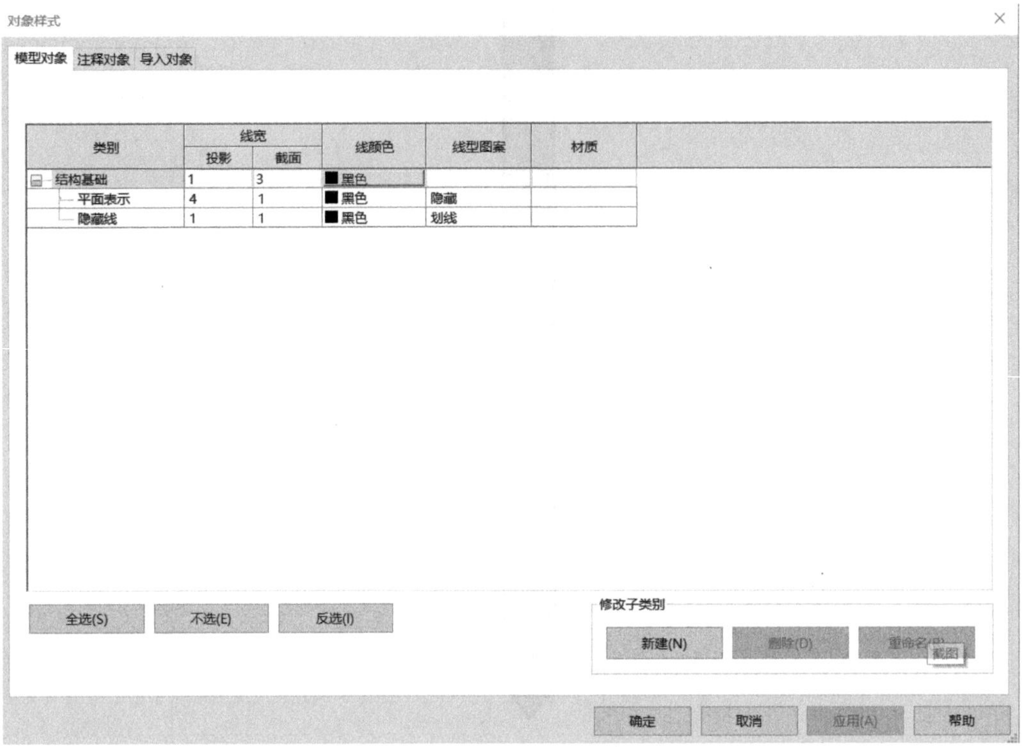

(b)

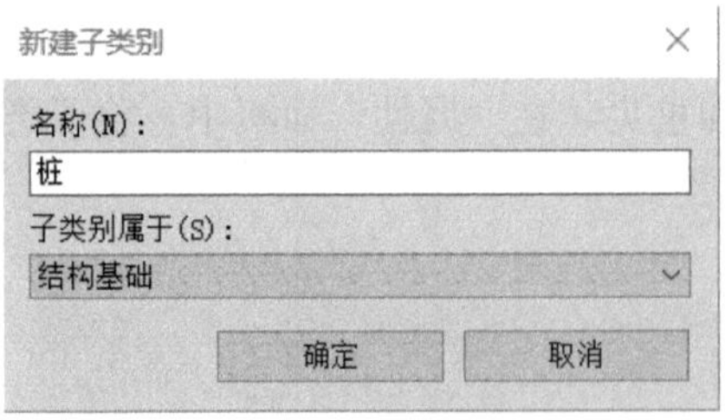

(c)

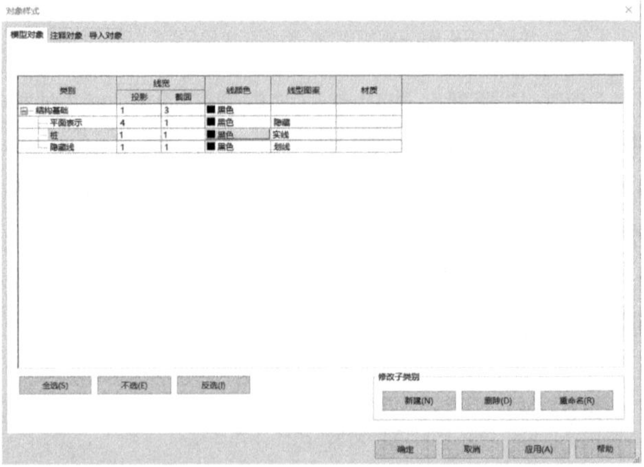

(d)

图 5-206 创建子类别

图 5-207　完成创建

5.6.5.2　创建承台

（1）选择族样板

选择"公制结构基础 .rft"族样板。

（2）设置族类别和族参数

点击"创建"选项卡＞"属性"面板＞"族类别和族参数"，弹出"族类别和族参数"对话框。结构基础样板默认将族类别设为"结构基础"。将"用于模型行为的材质"改为"混凝土"，其余参数不做修改。见图 5-208。

（3）设置族类型和参数

点击"创建"选项卡＞"属性"面板＞"族类型"，打开"族类型"对话框，在其中创建"桩边距离""承台厚度"类型参数，再创建与准备嵌套的桩族参数相关联的"桩径""桩顶埋入承台长度""桩长""桩尖长度"类型参数，并输入参数值，见图 5-209。

（4）创建形状

进入"参照标高"视图，在绘图区绘制参照平面并添加尺寸标注，见图 5-210。

点击"拉伸"的"▢"命令绘制截面形状，并与参照平面对齐锁定，见图 5-211。

点击"✔"，完成创建，见图 5-212。

转到前立面视图，绘制参照平面，并添加尺寸标注，然后将拉伸形状的上下边缘和相应的参照平面对齐锁定，见图 5-213。

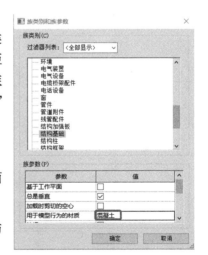

图 5-208　"族类别和族参数"对话框

图 5-209　族类型

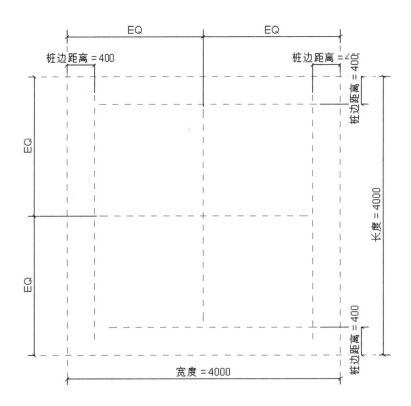

图 5-210　创建形状（一）

(a)

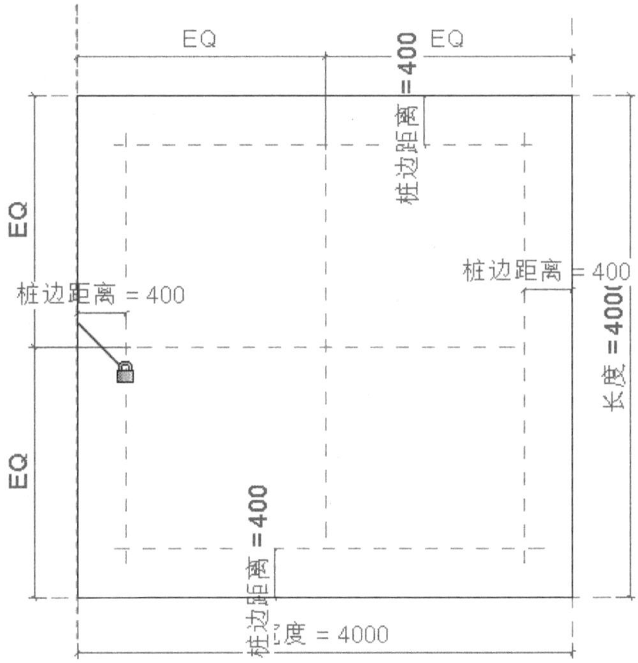

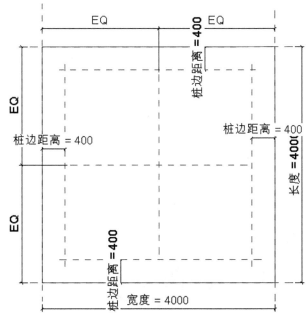

(b)

图 5-211　创建形状（二）

图 5-212　创建形状（三）

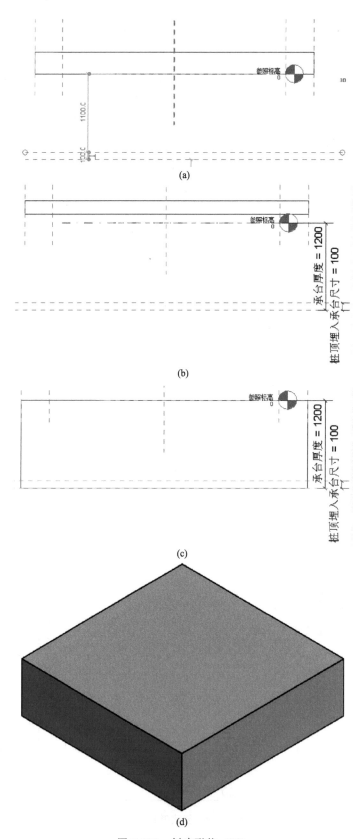

图 5-213 创建形状（四）

（5）添加子类别

添加子类别"承台"，见图 5-214，将承台的实体选中后，在"属性"对话框中设置"子类别"为"承台"。

(a)

(b)

图 5-214　添加子类别

5.6.5.3　载入桩族

打开前面绘制的桩族，点击"载入到项目中"将桩族载入到承台的族编辑器中，放置在对应位置，见图 5-215。

在平面视图中，将桩对齐锁定到定位桩轴心的参照平面上，见图 5-216。

在立面视图中，将桩顶锁定，见图 5-217。

选中桩，在"属性"面板中，将桩的参数与承台族中的参数相关联，点击"参数"一栏最右侧的矩形按钮，弹出"关联族参数"对话框，选择要关联的族参数。完成关联的参

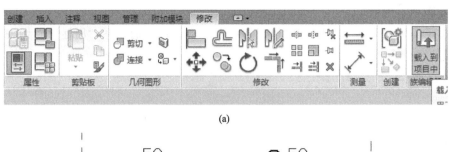

(a)

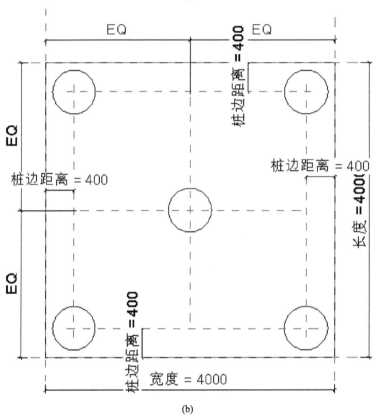

(b)

图 5-215　载入桩族

数变为灰色，后面的矩形按钮中显示有两条横杠，此时不可修改数值。将参数关联完成后，打开"族类型"对话框，修改桩的参数，会发现桩的尺寸发生了改变。

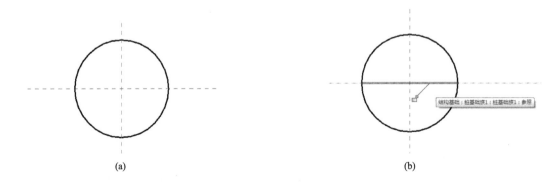

(a)　　　　　　　　　　　　　　　　　　　　(b)

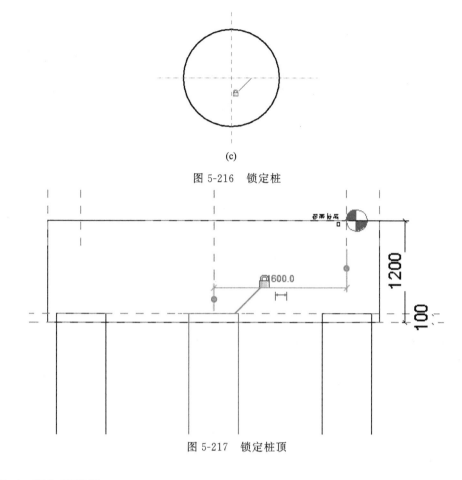

(c)

图 5-216　锁定桩

图 5-217　锁定桩顶

5.6.5.4　添加隐藏线

将创建的承台桩基础导入到项目中，平面视图、立面视图、三维视图见图 5-218。

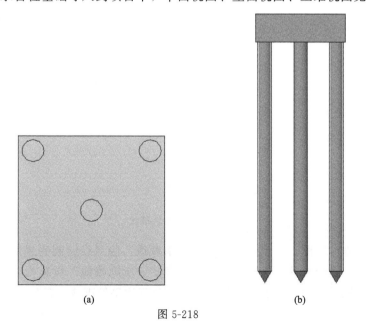

(a)

(b)

图 5-218

(c)

图 5-218　平面视图、立面视图、三维视图

在立面视图中，桩埋入承台的部分没有表示出来，可在该位置添加隐藏线。进入"承台桩基础"族编辑器，打开前立面视图。点击"创建"选项卡＞"模型"面板＞"模型线"，在"修改｜放置 线"上下文选项卡中，将"子类别"选为"隐藏线［截面］"，见图 5-219。在需要的位置绘制隐藏线。

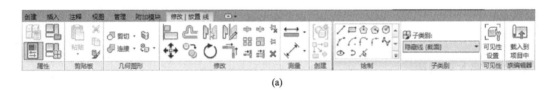

(a)

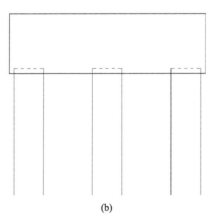

(b)

图 5-219　添加隐藏线

之后进入右立面视图，按照前述方法绘制隐藏线。隐藏线绘制完成后，载入项目中。进入相应的视图，在视图的"属性"面板中，将"显示隐藏线"设置为"全部"，便可以正常显示出桩埋入承台的部分了。用户可以通过改变比例使虚线正常显示。

思考题：

1. 参数化构件的制作和使用有什么好处？

2. BIM 在设计中的重要作用有哪些？

3. 请综合描述 BIM 在建筑设计中如何进行多专业协同？

留下你的答案吧

│第6章│ 信息模型输出

6.1 漫游制作

① 选择"视图",点击"视图"选项卡＞"创建"面板＞"三维视图",点击下拉菜单"漫游",见图6-1。

图 6-1 漫游

② 如果关键帧上相机的高度不同,需要在选项栏中修改"偏移"数值,见图6-2。需提前设定,否则完成后不能逐个对路径上的相机点的高度调整。此外,相机的"详细程度"等可以在"属性"面板中修改,见图6-3。

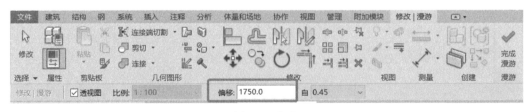

图 6-2 偏移

③ 在想要设置路径的地方,连续点击鼠标左键,设置关键帧,见图6-4,完成后按Esc键退出。此时,在项目浏览器面板中会出现新建的"漫游1",见图6-5。

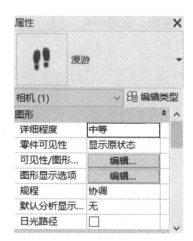

图 6-3　属性

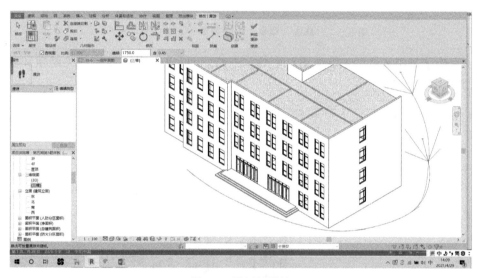

图 6-4　设置关键帧

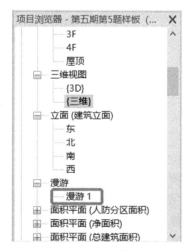

图 6-5　新建的"漫游 1"

④ 双击"漫游1",进入漫游视图,见图 6-6。点击"编辑漫游",出现"修改︱相机︱编辑漫游"上下文选项卡,见图 6-7。

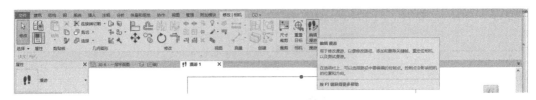

图 6-6　点击"编辑漫游"

图 6-7　"修改︱相机︱编辑漫游"上下文选项卡

⑤ 点击项目浏览器"三维视图"中的"三维",可以看到添加的各关键帧和相机位置,见图 6-8。

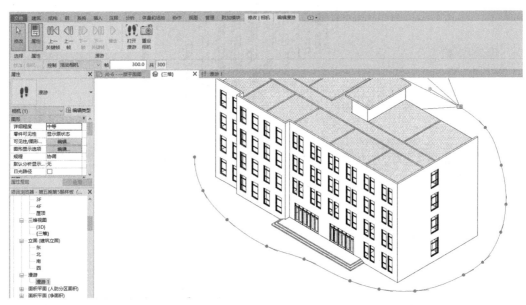

图 6-8　相机位置

⑥ 点击"漫游"面板下的"上一关键帧"等命令,移动相机的位置,见图 6-9。可以逐帧设置相机的位置和视口的大小和方向,见图 6-10。

⑦ 可以在平面、立面、漫游等视图中检查效果,见图 6-11。

⑧ 回到"漫游"选项卡,见图 6-12,点击"播放",可以观看漫游路径。可以单击帧数"300",弹出 6-13 对话框,修改帧数,调整播放的速度。

⑨ 导出漫游。点击"文件">"导出">"图像和动画">"漫游",见图 6-14,对视频的格式等进行设置,见图 6-15,点击"确定"即可下载观看漫游视频。

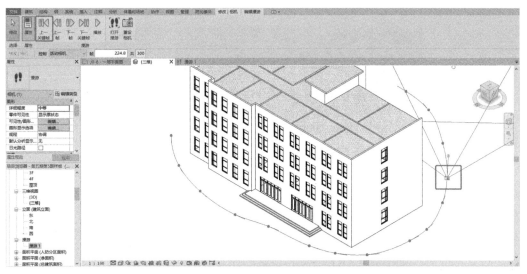

图 6-9　移动相机位置

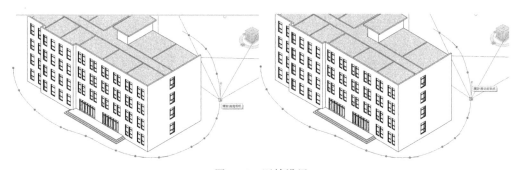

图 6-10　逐帧设置

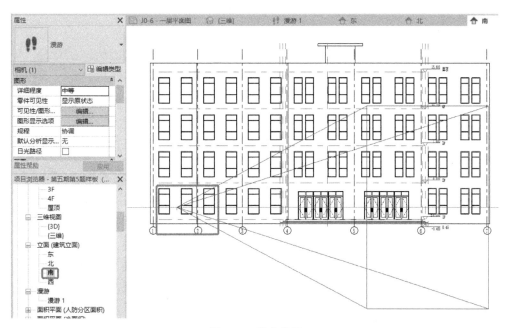

图 6-11　检查效果

图 6-12　播放和修改帧数

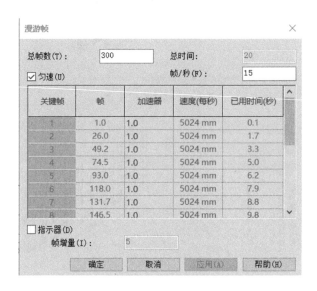

图 6-13　漫游帧

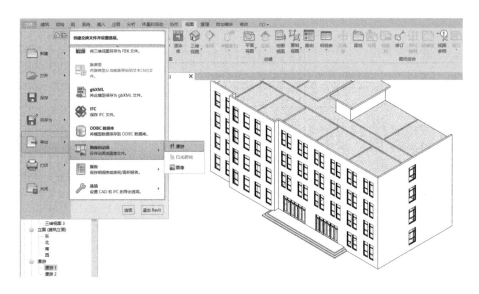

图 6-14　导出视频路径

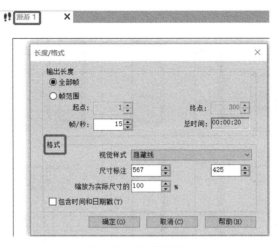

图 6-15 漫游设置

6.2 渲染设置

① 点击"视图"选项卡，见图 6-16，点击"属性"面板中下拉菜单中的"相机"，使用相机功能，对着模型拍摄一张照片，见图 6-17。

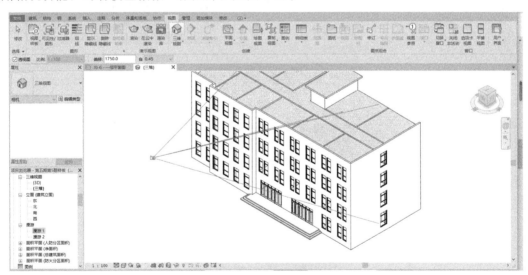

图 6-16 选择相机

② 打开拍摄好的照片后，点击"视图"选项卡，点击"渲染"工具，见图 6-18，弹出"渲染"对话框，见图 6-19。根据不同的模型选择室内或者室外，在"照明"中选择不同的照明系统。如果选择"人造灯光"，需要在模型中放置照明设备，从而照明起效。

③ 设置照明方案后，点击"渲染"，渲染后的照片见图 6-20。

④ 在弹出的"渲染"对话框中，可以对渲染细节以及质量进行设置。在"输出设置"中，"分辨率"调整为"打印机"模式，然后调高分辨率，可以提高渲染质量。分辨率质量设置好后，可以在下方设置照明以及背景，Revit 的渲染效果一般，后期可以利用其他软件进行二次处理。点击"渲染"，等待系统完成渲染，完成后系统会直接显示渲染效果

图 6-17　照片

图 6-18　渲染

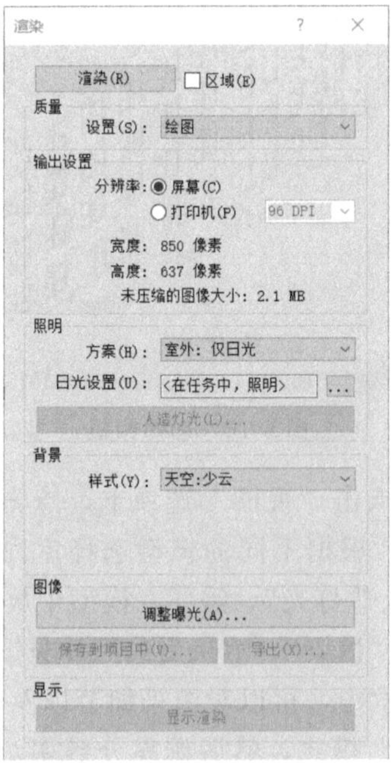

图 6-19　"渲染"对话框

图 6-20 渲染后的照片

图。需要在"渲染"窗口中点击"保存到项目中"才能够将图片保存到项目浏览器窗口中，也可以点击"导出"，直接导出渲染图。

6.3 创建明细表

(1) 明细表的功能

明细表具备统计和计算功能，包括门窗、设备、楼梯、柱子、材质等的统计和计算。例如，已知某个构件的长、宽、高，而体积这个参数没有添加，就可以通过明细表把整个模型建成后的体积数值进行统计。

(2) 明细表的特性

可以在项目的任何阶段创建明细表，修改项目后，明细表会根据实际的量进行调整，自动更新。

(3) 创建明细表的步骤

① 选择"视图"选项卡，点击"明细表"，在下拉菜单选择"明细表/数量"，见图 6-21。

图 6-21 明细表选项

② 可以选择屋顶下的"常规模型"，点击"确定"，见图 6-22。

图 6-22 选择"常规模型"

③ 选择需要统计的字符段。点击左右箭头添加和删除字段，点击上下的箭头，调整字段的顺序，见图 6-23、图 6-24。

图 6-23 点击字段　　　　　　　图 6-24 添加和删除字段

④ 点击"排列/成组"选项卡，勾选"总计"，选择"标题、合计和总数"，见图 6-25，点击"确定"。

图 6-25 总计　　　　　　　　图 6-26 导出路径

⑤ 导出报表。点击"文件">"导出">"报告">"明细表",见图 6-26。
⑥ 在弹出的对话框中选择存储路径、设定文件名称等,见图 6-27。这里导出的明细
表是文本格式(txt)格式。也可以自行转换成 Excel 表格形式。

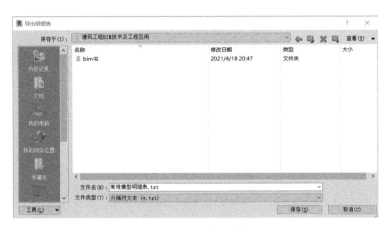

图 6-27　导出文件

6.4　创建图纸

(1) 尺寸标注

选择"注释"选项卡,点击"线性"命令对单个具体尺寸进行标注,见图 6-28。也
可以选择其他标注方式进行尺寸标注。

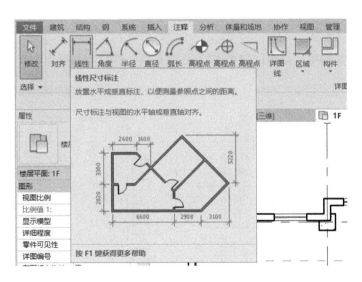

图 6-28　标注

(2) 剖面图的创建

① 选择"视图"选项卡,点击"剖面"命令,见图 6-29,然后作出所需的剖面线,
见图 6-30。

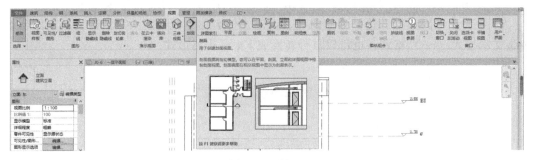

图 6-29 剖面

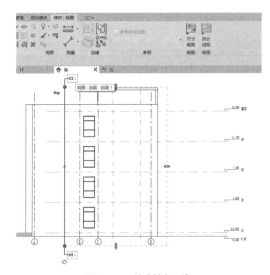

图 6-30 绘制剖面线

② 在项目浏览器中，点击"剖面 1"，见图 6-31，即可看到所作剖面 1 的剖面图。

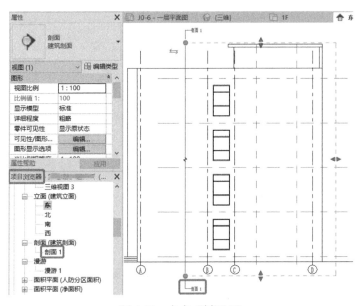

图 6-31 点击"剖面 1"

（3）图纸的创建

① 选择"视图"选项卡，点击"图纸"命令，见图 6-32。

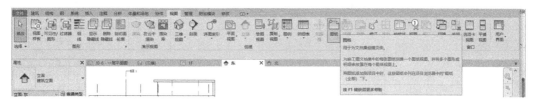

图 6-32　图纸命令

② 在弹出的对话框中选择图纸的大小，见图 6-33。

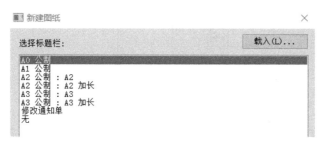

图 6-33　新建图纸

③ 可以根据需求修改图纸右侧的信息，见图 6-34。

图 6-34　图纸信息

④ 用鼠标左键按住项目浏览器中的视图，拖动到图纸的框中，添加所需视图，见图 6-35。

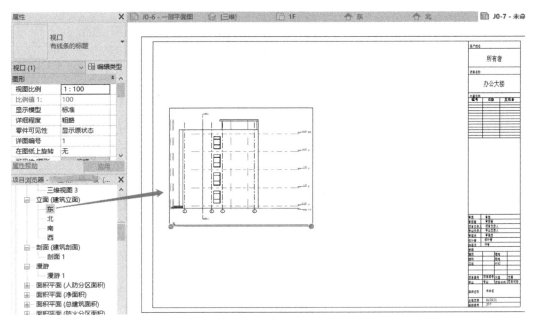

图 6-35　添加视图

⑤ 单击选中拖进框中的视图，在"属性"面板中修改图纸的比例等信息，见图 6-36。

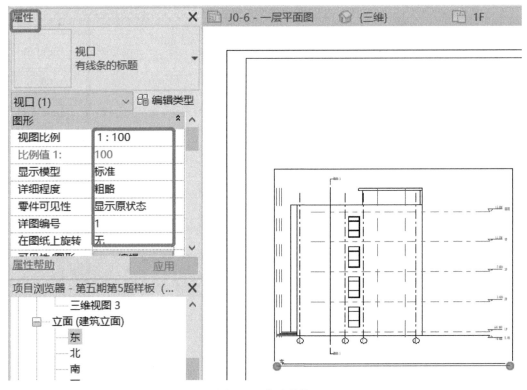

图 6-36　修改属性

⑥ 单击"东"选择东立面图,可修改框中文字内容,如改成图名,还可以修改图框的大小、拖动图框至合适的位置等,见图 6-37。

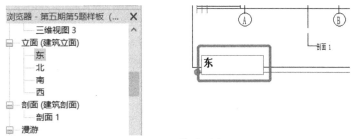

图 6-37 修改图名

(4)将 Revit 导出为 CAD 格式

① 点击"文件">"导出">"CAD 格式",见图 6-38。

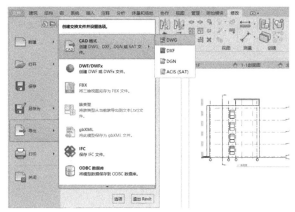

图 6-38 选择导出 CAD 的格式

② 点击 ┄ 图标,见图 6-39,在弹出的对话框中可以修改图层等属性,见图 6-40。修改相应属性后即可保存文件、修改文件名及文件类型。

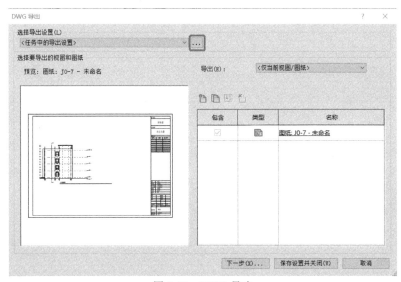

图 6-39 DWG 导出

图 6-40　导出设置

思考题：

1. 请描述 BIM 在项目中如何帮助设计减少成本。

2. 请说明对项目实行 BIM 技术深化设计的步骤。

3. Revit 施工图设计中建筑工程专业的工作流程有哪些？

留下你的答案吧

第 7 章 | Navisworks 功能介绍

7.1 Navisworks 简介

Autodesk Navisworks 是由 Autodesk 公司开发的，用于在 BIM 核心模型的基础上进行四维进度仿真。该软件使工程项目各参与方都能够详细整合和审阅设计模型，加强建设单位、设计单位以及施工单位对工程项目成果的控制，并且可以帮助用户获得建筑信息模型（BIM）工作流带来的竞争优势。该软件将 AutoCAD 和 Revit 系列等软件创建的设计数据，与来自其他设计工具的几何图形和信息相结合，将其作为整体的三维模型，通过多种文件格式进行实时审阅，无需考虑文件的大小。Navisworks 软件帮助所有项目相关方将项目作为一个整体，从设计决策、建筑实施、性能预测和规划直至设施管理和运营等各个环节进行优化。

Autodesk Navisworks 系列软件包含四种产品——Autodesk Navisworks Manage，Autodesk Navisworks Simulate，Autodesk Navisworks Review，Autodesk Navisworks Freedom。

Autodesk Navisworks Manage 软件主要用于工程项目 BIM 模型的分析、施工仿真以及建筑信息的全面审阅、交流。该软件可以将不同专业的设计数据整合成一个集成的项目模型，用于管理冲突、碰撞检测等，帮助设计单位以及施工单位在施工前预测和避免潜在问题。另外，Autodesk Navisworks Manage 软件可以实现工程项目动态的四维进度仿真。

Autodesk Navisworks Simulate 软件具有动画和照片级效果图以及完备的四维仿真等功能，使设计单位能够展示其设计理念并仿真工程项目施工流程，从而加深项目各参与方对设计的理解并提高可预测性。除此之外，该软件还具有审阅工具集和实时漫游的功能，能够显著提高工程项目团队之间的协作效率。

Autodesk Navisworks Review 软件使用户不用考虑文件格式以及文件大小而随时审阅，帮助项目各参与方实现整个工程项目的实时可视化。

Autodesk Navisworks Freedom 软件是一款面向 NWD 和三维 DWFTM 文件的免费浏览器。另外，该软件使工程项目各参与方都能够查看整体项目视图，使沟通交流更加方便，从而提高协作效率。

7.2 Navisworks 功能特点

（1）三维模型整合

① 强大的文件格式兼容性。Navisworks 软件支持目前市面上几乎所有主流的三维设

计软件模型文件格式，具体见表 7-1。

表 7-1 Navisworks 支持的文件格式

类型	扩展名（格式）	类型	扩展名（格式）
Navisworks	.nwd、.nwf、.nwc	JTOpen	.jt
FBX	.fbx	MicroStation	.dgn、.prp、.prw
AutoCAD	.dwg、.dxf	Parasolid	.x_b
ACIS	.sat	PDS Design Review	.dri
CIS/2	.stp、.step	RVM	.rvm
DWF	.dwf	SketchUp	.skp
IFC	.ifc	STEP	.stp、.step
IGES	.igs、.iges	STL	.stl
Informatix MicroGDS	.man、.cv7	VRML	.wrl、.wrz
Inventor	.ipt、.iam、.ipj	3D Studio Max(3D Max)	.3ds、.prjv

需要注意的是，虽然 Navisworks 支持众多的数据格式，但是软件本身不具有建模功能。

② 模型合并。Naviswroks 可以把各个专业的不同格式的模型文件，根据其绝对坐标合并或者附加，最终整合为一个完整的模型文件。对于多页文件，也可以将内部项目源中的几何图形和数据（即项目浏览器中列出的二维图纸或三维模型）合并到当前打开的图纸或模型中。

在打开或者附加任何原生 CAD 文件时，会生成与原文件同名的 NWC 格式的缓存文件，同时具有压缩文件大小的功能。

③ 特有的 NWF 文件格式。将整合的模型文件保存为 NWF 格式的文件，该类型文件不包含任何的模型几何图形，只包含指针，可通过返回操作打开在 Navisworks 中附加的原始文件。打开 NWF 文件时将会重新打开每个文件，并且检查自上次转换以来是否已修改 CAD 文件。如果已修改 CAD 文件，则将重新读取并重新缓存此文件。如果尚未修改 CAD 文件，则将使用缓存文件，从而加快载入进程。

(2) 三维模型的实时漫游及审阅

目前众多的三维软件可实现路径漫游，无法实现实时漫游。Navisworks 可以利用先进的导航工具（漫游、环视、缩放、平移、动态观察、飞行等）生成逼真的项目视图，轻松地对一个超大模型进行平滑漫游，实时地分析集成的项目模型，为三维校审提供了最佳的支持。

Navisworks 平台还提供了剖分、标记和注释的功能。使用剖分功能在三维空间中创建模型的横截面，从而可以查看模型的内部或者某视点的细部图。使用标记或者注释的功能，可以将注释添加到视点、视点动画、选择集和搜索集、碰撞结果以及"TimeLiner"任务中，将模型审阅过程中发现的问题标记出来，以供设计人员讨论或修改。

(3) 创建真实照片级视觉效果

Navisworks 提供 Presenter 插件来渲染模型，从而创建真实的照片集的视觉效果。Presenter 包含了上千种真实世界中的材质以为模型渲染，也提供各式各样的背景效果图、工程的真实背景环境图，同时还允许在模型上添加纹理。Presenter 也提供一个由现实世界中的各种光源组成的光源库，用户可以将合适的光源应用在场景中，增强三维场景的真实感。

（4）4D 模拟和动画

4D 模拟功能通过将三维模型的几何图形与时间和日期相关联，在 4D 环境中对施工进度和施工过程进行仿真，使用户可以以可视化的方式交流和分析项目活动。Navisworks 允许制订计划和实际时间，通过四维模拟形象直观地显示计划进度与实际项目进度之间的偏差。同一三维模型还可以连接多个施工进度，通过 4D 展示对不同的施工方案进行直接地查看比较，从而选择较适合的施工方案。

利用该软件的动画功能可以创建动画供碰撞和冲突检测用。还可以通过脚本将动画链接到特定事件或 4D 模拟的任务，进而优化施工规划流程。如利用动画与 4D 动态模拟的结合，可以展示施工现场车辆或者施工机械的工作情况，也可以演示工厂中机械组件、机器或生产线的情况。

（5）碰撞校审

工程项目各参与方之间分工清晰，而合作模糊。各专业的设计成果看起来很完美，然而整合之后会有很多碰撞和冲突之处。Autodesk Navisworks Manage 软件的碰撞和冲突检测功能允许用户对特定的几何图形进行冲突检测，并可将冲突检测结果与 4D 模拟和动画相关联，以此分析空间中的碰撞和时间上冲突问题，减少成本高昂的延误和返工。

（6）数据库链接

Navisworks 提供链接外部数据库的功能，在场景中的对象与数据库表中的字段之间创建链接，从而把空间实体图形与其属性一一对应，除获得相关物体的逼真全貌外，还能轻松地通过数据检索获得相应的属性信息。

（7）模型发布

Navisworks 特有的 NWD 格式的文件包含项目所有的几何图形、链接的数据库以及在 Navisworks 中对模型执行的所有操作，是一个完整的数据集。NWD 是一种高度压缩的文件，可以通过密码保护功能确保其安全及完整性，并且可以用一个免费的浏览软件进行查看。

7.3　Navisworks 功能实现框架

（1）Navisworks 中信息的数据结构形式

① Navisworks 中三维模型对象。由于 Navisworks 支持几乎所有的三维设计软件（如常用的 AutoCAD、3D Max、Civil 3D 等）所生成的模型文件格式，因此 Navisworks 可以打开并浏览设计人员绘制的模型文件（包括其中的点、线、面、实体、块等对象），同时在原路径下保存为 Navisworks 所特有的与源文件同名的 NWC 格式的缓存文件，其中的 CAD 对象属性不变。

② Navisworks 链接的施工进度数据。进行工程施工过程的四维模拟时，需要链接施工进度数据。Navisworks 支持多种进度安排软件，如 Primavera Project Management、Microsoft Project MPX、Primavera P6（Web 服务）、Primavera P6 V7（Web 服务）及

CSV 文件（Excel 的一种文件存储格式）。此外，Navisworks 支持多个使用 COM 接口的外部进度源，可以根据需要开发对新进度软件的支持，如 Microsoft Project 2003、Microsoft Project 2007、Asta Power Project 8～10 等进度软件。

③ Navisworks 中模型的属性数据。Navisworks 可以利用外部数据库存储模型的属性数据。Navisworks 支持具有合适 ODBC 驱动程序的任何数据库文件，如 *.dbf、*.mdb、*.accdb，但是模型中对象的特性必须包含数据库中数据的唯一标示符，才能完成工程的三维模型与其属性信息的一一对应。例如对于基于 AutoCAD 的文件，可以使用实体句柄。

（2）Navisworks 中信息的组织形式

施工系统仿真不仅涉及施工场地（地形）、环境、建筑物布置等具有地理位置特征的静态空间信息，而且还必须反映地形动态填挖、建筑物施工等大量的动态空间逻辑关系和统计信息。Navisworks 特有的时间进度数据的导入及外部数据库链接的功能，为反映工程施工过程仿真所展示的具有时间、空间特性的数据信息提供了条件。它将三维数字模型与其特性信息通过唯一的标示符连接起来，并且将三维模型与其时间参数按照一定的规则链接，使得组成三维数字模型的每一个图形单元与该单元的时间参数及属性建立一一对应关系，从而为仿真系统数字模型的建立及仿真信息的直观表达提供了条件。

7.4　Navisworks 的开发功能

Navisworks 提供了应用程序接口（API），最大限度地扩大了对 Navisworks 进行开发定制的可能，从而减少创造性使用软件的约束。国内越来越多的开发者对 Navisworks 产生了极大的兴趣，一些国外的开发商也开始投入 API。API 的功能主要有：

① 将设计模型的交互式版本放在网站上，既便于访问模型，也有助于增强他人对设计的理解。

② 将模型与外部数据库相关联，可调出与 Navisworks 中所选对象相关的外部信息，从而使用户可以利用模型直观、便捷地访问设计、建造和运营信息。

③ 自动将最新设计的图纸集编入 Navisworks 模型并生成冲突报告，从而提升工作效率。

④ 将一个交互式的三维窗口嵌入用户自己的应用系统，便于用户探索设计，将快照输出到图片文件中或将视点存回 Navisworks，从而将 Navisworks 三维界面用作直观的 GUI 组件。

⑤ 输出模型中全部图纸的 HTML 报告，包括所有红线、冲突报告和标注的图像，从而可以生成定制的输出报告，更好地满足设计要求。

7.4.1　基于 COM 开发

（1）COM 基本概念

COM（component object model）是一种以组件为发布单元的对象模型，COM 组件是遵循 COM 规范编写、以 Win32 动态链接库（DLL）或可执行文件（EXE）形式发布的可执行二进制代码，能够满足对组件架构的所有需求。如同结构化编程及面向对象编程一样，COM 也是一种软件开发技术。

COM 技术本身也是基于面向对象编程思想的。在 COM 规范中，对象和接口是其核心部分。对于 COM 来讲，接口是包含了一组函数的数据结构，通过这组数据结构，客户程序可以调用组件对象的功能。COM 对象被精确地封装起来，一般用动态数据库（DLL）来实现，接口是访问对象的唯一途径。

① COM 对象。虽然接口是 COM 程序与组件交互的唯一途径，但是客户程序与 COM 组件程序间交互的实体却是对象。与 C++中对象类似，COM 对象是类的实例，类是经过封装的一种数据结构。同 C++中源代码级基础上的对象不同的是，COM 对象是二进制基础上的对象，具有语言无关性；C++对象的使用者可以直接访问对象数据，而 COM 完全将数据隐藏，客户程序只能通过接口来访问对象；C++通过继承，子类可以调用父类非私有成员的函数，而 COM 对象通过包容聚合的方式可以完全使用另一个 COM 对象的功能，并且这种重用是跨语言的。

COM 对象由一个 128 位的随机数 GUID（globally unique identifier）来标识，被称作 CLSID（class identifer）。由于 GUID 由系统随机生成，重复率极低，在概率上保证了其唯一性。

② COM 接口。接口是包含函数指针数组的内存结构，而每一个数组元素包含一个由组件实现的函数地址。接口也是一组逻辑上相关的函数集合，内部的函数称为接口成员函数，客户程序使用一个指向接口函数结构的指针调用接口成员函数，即接口指针指向另一个指针 PVtable。一般，接口函数名称常以"I"为前缀。类似于 COM 对象，接口也使用 128 位的 GUID 来唯一标识。

③ COM 接口与对象的联系。接口类只是一种描述，而不提供具体的实现过程。COM 对象实现接口，必须以某种方式将自身与接口类连接，然后将接口类的指针传递给客户程序，进而允许客户程序调用对象的接口功能。

（2）Navisworks COM API

对于 Navisworks 来讲，2010 版本之前的软件使用基于 COM 的开发方式。COM 接口相对简单，能够用多种编程语言编写代码，例如 C、C++、Visual Basic、Visual Basic Script（VBS）、Java、Delphi，编写的组件之间是相互独立的，修改时并不影响其他组件。

COM API 支持大部分和 Navisworks 产品等价的功能，如操作文档（新建、打开、保存、关闭等）、切换漫游模式、运行动画、设置视点、制作选择集等基本功能。除此以外，可以实现：

① 将模型对象与外部 Excel 电子表格及 Access 数据库链接，从而可以在软件窗口的对象特性区域显示对象的特性；

② 将模型进度与 Microsoft Project 链接，设置项目的时间进度来覆盖原进度；

③ 扫描冲突检测结果并且将其存入 HTML 格式的文件中，包括某些可观测模型冲突的视点的图像；

④ 集成 Navisworks 中的 ActiveX 控件的应用，扫描视窗中的对象模型，筛选查询对象信息。

7.4.2 基于 . NET 开发

7.4.2.1 . NET 基本概念

Microsoft. NET 以 . NET 框架（. NET Framework）为开发框架。. NET 框架是创建、部署和运行 Web 服务及其他应用程序的环境，实现了语言开发、代码编译、组件配置、程序运行、对象交互等不同层面的功能。. NET Framework 支持的开发语言有 Visual C♯. NET、Visual Basie. NET 、C++托管扩展及 Visual J♯. NET。

. NET 框架的主要组成部分是 Common Language Runtime（CLR，通用语言运行时）以及公用层次类库。

（1）Common Language Runtime

CLR 是 . NET 框架构建的基础，是实现 . NET 跨平台、跨语言、代码安全等特性的关键，并且它为多种开发语言提供一种统一的运行环境，使得跨语言交互组件和应用程序的设计更加简单。在程序运行过程中，CLR 为其提供了如语言集成、强制安全及内存、进程、线程管理的服务，简化了代码和应用程序的开发，同时提高了应用程序的可靠性。

基于 CLR 开发的代码称为受控代码，其运行步骤如下：首先使用 CLR 支持的一种编程语言编写源代码；然后使用针对 CLR 的编译器生成独立的 Microsoft 中间语言（Microsoft Intermediate Language，MIL），并同时生成运行需要的元数据；代码运行时使用即时编译器（Just In Time Compiler）生成相应的机器代码来执行。

（2）公用层次类库

公用层次类库是 . NET 框架为开发者提供的统一的、层次化的、面向对象的、可扩展的一组类库，为开发者提供了几乎所有应用程序都需要的公共代码。. NET Framework 类库通过名称空间组织起来，使用一种层次化的命名方法，其根或顶级名称空间是"System"，在它之下按照功能区的分级制度进行排列。. NET Framework 类库既包括抽象的基础类，也包括由基础类派生出的、有实际功能的类。这些类遵循单一有序的分级组织，并提供了一个强大的功能集：从文件系统到对 XML 功能的网络访问的每一样功能。

底层基础类具有以下功能：网络访问（System. Net）、文本处理（System. Text）、存储列表和其他数据集（System. Collections）等。基础类之上是比较复杂的类，如数据访问（System. Data），它包括 ADO. NET 和 XML 处理（System. XML）等。顶层是用户接口库。Windows 表单和 Drawing 库（System. Windows 和 System. Drawing）提供了封装后的 Windows 用户接口。Web 包含用于建立包括 Web Services 和 Web 表单用户接口类的 ASP. NET 应用程序的类库。

7.4.2.2 Navisworks . NET API

在 2011 版本之后，Navisworks 支持 . NET API 开发。. NET API 遵循 Microsoft. NET 框架准则，并在现实应用中逐渐替换 COM API，成为 Navisworks 主要的开发工具。对于 Navisworks 来说，使用 . NET API 有很多优势：

① 为 Navisworks 模型的程序访问方式开辟了更多的编程环境；

② 大大简化了 Navisworks 与其他 Windows 应用程序（如 Microsoft Excel/Word

等）的集成；

③ .NET Framework 同时允许在 32 位和 64 位操作系统使用；

④ 允许使用低级的编程环境来访问较高级的编程接口，例如使用 Visual Studio 2008 编写的插件同样可以在 Visual Studio.NET 2003 环境下使用。

.NET API 可以调用 COM API。虽然 .NET API 较 COM API 有诸多优势，但是 .NET API 仍属于探索发展时期，有些功能仍无法实现。开发者应查看 COM API 是否可以实现相应功能，通过 COM API 实现相应功能后，可用 .NET API 调用。

7.4.3　基于 NWCreate 开发

Navisworks 还提供了一种独特的开发方式——NWCreate 开发。NWCreate API 可以通过 stdcall C 或 C++接口访问。C++为首选语言，但是用户也可以使用支持 stdcall 接口的任何语言，其中包括 Visual Basic 和 C♯（借助 P/Invoke）。

NWCreate 可实现的功能主要有：

① 创建自定义的场景和模型；

② 加载自定义的文件格式，即对于专有的三维文件格式或者 Navisworks 当前不支持的其他任何格式，用户可以使用 NWCreate 编写用于 Navisworks 的专有文件阅读器，或者创建在其使用的软件中运行的文件导出器。

7.4.4　Navisworks API 组件

Navisworks API 提供的用于访问 Navisworks 的组件主要有以下三种。

（1）插件

即用户使用编程语言制作一个插件，然后存储在 Navisworks 的安装包下使其成为软件的一部分。API 中插件的性能很强大，功能很丰富。新增的插件扩展了 Navisworks 自身的功能，帮助用户充分利用软件中交互式的 3D 设计来访问模型，查询模型信息。这类组件的主要功能是添加自定义的导出器、工具、特性等。

（2）自动化程序

帮助用户自如地使用 Navisworks 中常用的功能，实现软件的自动化。其主要功能有：打开和保存模型、查看动画、应用材质及进行冲突检测等。

（3）基于控件的应用程序 ActiveX

ActiveX 组件允许将 Navisworks 的三维功能嵌入到用户自己的应用程序或网页中，从而可以设计出自己的项目管理平台，享用强大的三位演示和交互功能。

7.5　Navisworks 的可视化功能

Navisworks 可以对 BIM 工程项目三维模型进行整合，不需要先进的硬件配置以及预编程的动画就可以实现工程项目的实时可视化，并且可以进行实时动态漫游，探索 BIM 中所有建筑信息。另外，可以使用户在创建图像与动画时更加轻松，将建筑信息模型与项目进度表动态链接，直接生成施工过程的可视化仿真动画。

　　Navisworks 提供了软件二次开发的应用程序编程接口 API，功能强大，开发过程简单，用户可以使用 API 根据自己的目的扩展软件动能，从而实现模型和仿真信息的可视化和分析，为使用 Navisworks 建立可视化仿真系统提供方便。

7.5.1　Navisworks 可视化设计方案

　　施工可视化即根据施工图纸及现场各项施工方案通过建模软件进行模型的创建，并对各环节工序定义不同施工时间，在施工前将各方案在软件中进行三维动态虚拟建造。施工可视化设计方案如图 7-1。

　　在工程项目施工之前，利用 BIM 技术完成三维动态虚拟建造，不仅可以使工程项目有合理的施工顺序、单位工程施工起点和流向，以及良好的施工工艺方法及相关技术组织措施等，还可以利用施工可视化结果合理地分配人工、材料、机械，从而避免在正式施工中发现问题才去解决，免去了工期延误及施工成本增加等问题。

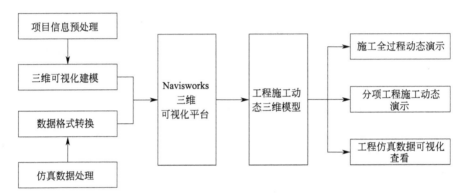

图 7-1　施工可视化设计方案

7.5.2　Navisworks 可视化功能实现过程

　　在建筑信息模型中，工程项目建筑全生命周期内的整个运行过程都是可视化的。施工可视化的结果不仅可以生成三维效果图以及材料报表，还可以通过模拟的三维立体模型实现项目在设计、建造、运营等整个建设过程的可视化，从而使项目各参与方更方便地进行沟通、讨论，并且提高了决策效率。

　　首先，将 Revit 系列软件构建的 BIM 模型导出 NWC 格式，建立基于 BIM 技术的施工可视化分析模型，然后利用 Navisworks 中的 TimeLiner 功能将 3D 模型与施工进度进行关联，达到工程项目整个施工过程可视化的目的，从而指导实际工程施工，使基于 BIM 技术的施工可视化在施工企业中得到广泛应用。具体过程如下。

(1) 创建任务

在 TimeLiner 命令中创建任务的方法有三种：

① 采用一次一个任务的方式手动创建；

② 基于"选择树"的方法，根据搜索集或者选择集中的对象结构自动创建；

③ 基于数据源的方法，根据添加到 TimeLiner 命令中的数据源自动创建。

另外，自动创建任务与手动创建任务不同，在自动创建任务后应立即附加相应的建筑对象。下面以第一种方法创建任务为例讲解。

① 点击 Navisworks 中的"TimeLiner"命令，然后点击"任务"中的"添加任务"按键，如图 7-2 所示。

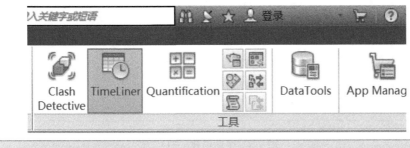

图 7-2　手动创建（一）

② 对新创建的任务输入名称，并输入计划开始时间和计划结束时间，如图 7-3 所示。

图 7-3　手动创建（二）

③ 选择相应的建筑对象或者建筑集合，并选择"附加当前选择"方式将其附着在创建的任务中，如图 7-4 所示。

图 7-4　手动创建（三）

④ 确定任务的类型为"构造"（任务类型包括构造、拆除、临时），如图 7-5 所示。

图 7-5　手动创建（四）

⑤ 根据横道图视图调整任务计划时间，如图 7-6 所示。

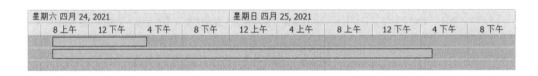

图 7-6　手动创建（五）

⑥ 注意查看任务状态，根据计划开始、计划结束时间与实际开始、实际结束时间相对比显示不同的状态（早开始，早完成，晚开始，晚完成等），如图 7-7 所示。

图 7-7　手动创建（六）

（2）调整任务的属性选项

在进行施工模拟之前，在 TimeLiner 命令中，应调整任务的属性选项。首先定义列集合——基本、标准、扩展、自定义等；其次根据创建任务附着的建筑对象或者建筑集合等选项定义命名规则；然后定义过滤条件；最后建立 Animator 动画关联，并设置脚本、动画以及动画行为等动画选项。

工程项目的施工动画在任务期间有三种播放方式：

① 缩放：动画持续时间与任务工作持续时间相匹配，这是软件默认的播放方式。

② 匹配开始：在任务开始时，动画随之开始，但是如果 TimeLiner 模拟过程结束时动画的运行还没有结束，则超过 TimeLiner 模拟过程的动画将被截断。

③ 匹配结束：动画与 TimeLiner 的模拟任务同时结束，但是如果动画开始的时间早于 TimeLiner 模拟的开始时间，为了满足动画能够与任务同时结束的要求，则在 TimeLiner 模拟任务之前的动画将被截断。

(3) 调整横道图的属性

在调整任务的属性之后，应对横道图的属性进行调整，包括是否显示横道图、显示日期（计划、实际、计划与实际）、显示范围的缩放。

(4) 配置参数

在进行工程项目的施工模拟之前，首先对每一个施工任务设置开始时间、结束时间、视图、文本的属性定义、动画链接等配置参数；然后设置施工任务的类型，可以与 Revit 项目中的阶段一一对应；最后，定义施工任务相应状态的外观，主要是开始外观、结束外观、提前外观、延迟外观、模拟开始外观等。

(5) 施工仿真模拟

在完成施工任务的参数设置后，进行施工仿真的模拟演示。

(6) 导出模拟过程

在施工仿真模拟结束之后，将得到的结果导出模拟动画。对于导出的施工模拟动画，可以设置其输出格式、源、尺寸、渲染方式、帧率等相关参数。

7.6　Navisworks 施工可视化应用

通过应用 BIM 技术，将三维的建筑信息模型的可视化功能与时间维度相关联构建施工可视化分析模型，实现工程项目的施工可视化模拟以及施工交底，从而在施工之前发现工程的重难点施工部位并及时作出应对措施。另外，在国家规范以及场地特点的基础上，利用 BIM 施工可视化技术制订详细的施工方案，并将其模型化、动漫化，可以使评标专家以及工程项目各参与方对施工方案的各种问题和情况了如指掌。

Navisworks 施工可视化分析模型将项目管理者的注意力从突发"意外事件"上拉回到整个施工管理过程中，使项目管理者从全局的角度对施工管理过程进行规划和控制，并把握施工过程中各活动间的相互作用和影响，实现集成化管理，确保工程施工的工期、质量、成本受到有效的控制。

工程项目随着时间而高度动态变化，在施工过程中存在着较大的不确定性。将现场施工方案的施工计划与 BIM 技术构建的建筑信息模型相结合，实现在施工之前对施工方案进行模拟，直观地描述各项施工方案，从而可以发现各项施工方案中存在的问题并及时作出应对措施。另外，在满足施工标准以及施工要求的基础上，通过模拟不同的施工方案并进行分析和比较，选择最优方案，这样就进一步保证了工程质量，也为安全文明施工提供了保证。基于 Navisworks 的施工可视化技术在工程项目中的应用非常广泛，在此仅对其主要应用作具体介绍。

(1) 图纸三维可视化审查

在传统的二维施工图纸审查过程中，需要分别对建筑、结构、暖通、给排水、电气、消防等各个专业的平面图、剖面图、立面图等图纸逐一审查，工作量极大。另外，由于各个专业之间交流困难，使得审查工作不够全面、准确，导致在项目施工阶段还会出现各种问题，进行返工，严重降低了施工效率。

利用 Navisworks 可视化的工作平台，以构件的三维模型代替二维施工图中的线条、标注、文字说明等表达方式。在 BIM 模型中可以直观地观察项目内部问题，不需要再对多张二维图纸进行审查，减少了审查的工作量，并且可以很容易地找到设计中存在的问题，降低了图纸审查的难度。另外，利用 BIM 可视化技术在查找到问题后，使各个专业更容易相互配合进行修改，有效避免了传统二维施工图审查中因交流困难而导致修改不完善的问题，提高了图纸审查的质量和效率。

(2) 施工进度计划分析

传统工程项目施工进度分析方法常见的主要是横道图技术。这种方法是以表格、图纸的方式进行表达，简单明了、容易掌握，便于检查和计算工程项目的资源需求状况，但仍然存在一定的局限性，主要表现在以下方面：

① 利用表格、图纸表达项目各个阶段的施工进度计划，不能准确地反映出各个工作之间的逻辑关系，导致施工计划前后不合理；

② 不能反映施工计划中的关键性工作，使得施工方在施工计划中不具有侧重点；

③ 当工程项目发生变更以及施工过程中出现意外状况时，传统横道图技术指定的施工进度计划不能随之改变，只能对其进行修改，甚至重新制订施工进度计划；

④ 传统的施工进度计划，不能利用现代计算机技术对其进行优化，使得在选择最优施工进度方案时增加了工作量。

相比传统的横道图技术，利用基于 BIM 的施工可视化技术进行施工模拟不仅可以在工程项目施工之前发现问题，还可以帮助项目各参与方分析和解决问题。

利用 3D 建筑信息模型与 Navisworks 施工进度计划相链接进行施工模拟，可针对不同的施工计划进行分析和比较，从而选择最优方案；同时，在分析施工方案中质量偏差以及进度拖延等施工问题的根本原因时更加方便，从而及时采取相应的解决方案。

另外，在工程项目施工过程中，业主或设计单位经常会因为各种问题而造成项目变更，通过施工可视化技术可以对业主方或设计单位的变更意向进行变更预测，使变更方案对工程后续施工的影响更直观、更清楚，从而为业主的决策提供支持和依据。

(3) 管线综合排布的优化

在传统设计过程中，各个专业之间的设计是相互分开的，并且大部分设计是二维平面设计，缺乏各个工作之间的逻辑关系，对项目进行检查时需要把所有专业整合在一起并想象其三维形态，检查难度较大并且不够全面、准确。在施工过程中，经常会出现建筑结构之间的碰撞、各专业设备管线之间的碰撞以及建筑结构与管线之间的碰撞等问题。

利用 Navisworks 将建筑、结构、给排水、暖通、电气、消防等不同专业间的模型进行整合，可以进行管线综合排布的优化，让项目各参与方提前发现设计的不合理，并及时进行解决，为工程项目的施工提供最优化的模型。主要表现在以下方面：

　　① 利用 BIM 技术整合各专业三维模型，然后上传至 Navisworks 平台中对其进行碰撞检查，可以自动查找出模型中的碰撞点，使其之间的碰撞可视化，并通过"图片＋文字"描述的形式输出纸质报告。

　　② 将 3D 建筑信息模型上传至 BIM 系统中，可以准确观察项目中复杂管线节点的具体构造，生成详细的二维平面图，从而指导后续的施工。

　　③ 在工程项目施工之前实现 BIM 内部漫游，可以直观地观察内部管线的排布与走向，优化管道的布置，从而避免施工过程中遇到的问题，减少返工。

思考题：

　　1. 如何解决 Revit 链接模型文件导出到 Navisworks 中不显示的问题？

　　2. Navisworks 进行 4D 模拟时需要注意哪些问题？

　　3. 为了在 Navisworks 中提高图形性能，需要进行哪些基本设置？

留下你的答案吧

| 第8章 | **BIM 管理应用**

8.1 建筑工程设计阶段

8.1.1 建筑工程设计阶段现状

建筑工程设计阶段属于建筑产品变为现实过程的关键性阶段，建筑工程设计阶段的相关设计成果以及设计效率不仅会决定建筑建设方的意图可不可以被准确且全面地表达，更为重要的在于设计质量与效率将会影响建筑工程建设的后续施工工作的开展。

(1) 建筑工程设计现阶段工作流程

现阶段，建筑工程设计环节中，在设计单位承接了建设单位所委托的建筑工程项目设计任务之后，将会组建设计团队，然后任命有建筑师资格的建筑设计人员担任建筑工程的项目经理，或者是由一些经验相对丰富的建筑职业经理人来担任整个建筑项目的项目经理。具体来说，建筑工程项目经理对内的作用在于与各专业经理明确该项目设计进度，并协调好专业协作问题等；而对外的作用在于与建设单位或者是政府部门进行有效沟通交流。

当建筑工程各专业项目任务进行明确分工后，建筑项目不同专业设计人员开始自己的设计工作。现阶段建筑设计环节的专业协作是基于CAD，在协同设计平台上完成的，该协同工作是基于网络信息技术的，属于常规化CAD协同。从某种程度上讲，每一个设计单位在运用协同设计平台之前往往会制订一系列科学化的技术措施与制图标准，以提高出图效率，做到施工图的美观化以及准确化。

(2) 工程设计阶段现状

① 专业化角度，建筑设计往往需要三维模型的支持，而且建筑物不是多种构件的随意堆积，其中的信息是非常丰富的。实质上，真实性较强的建筑构件不仅仅会包含构件几何信息或者是装饰外表颜色外在信息，而且还会囊括大量构件价格信息、构件材质信息以及构件供应商信息等。该内在信息将会进一步协助运营商做好构件维护工作，若发现了构件损坏问题，则运营商需要借助设计环节当中的模型查询，进一步明确构件内在信息，并联系项目建造期间的供应商提供构件，或者依据信息购买可用的替代品进行更换。

② 协同设计工作角度，传统形式的协同设计主要是CAD下的协同。该协同方式有着非常多的优势，比如借助CAD协同能够为施工出图工作提供较大便利，实现"分离式"信息共享等。然而，CAD协同亦有一些劣势。例如，设计工作中开展的协同设计，一般

会应用到施工图绘制期间，而且不同专业相互间的最终成果可以进行随意引用，借助这种形式的引用可以有效发挥 CAD 软件的参照功能。但是，外部参照功能有效应用是存在一定条件的，那就是当其被应用到复杂性相对较强以及施工面积大的工程当中时，设计成果应该实施某种程度上的改动，专业设计人员必须及时寻找并改正已经变动的地方，这种情况下就会浪费大量时间。当情况特殊的时候，专业人员难以直观、快速发现所有变动，待发现问题时，工作量会大大增加。

③ 传统建筑设计三维可视存在的缺点。设计实践中，各个专业间的引用情况是非常常见的，在此情形下，能够最大限度减少绘制重复率。而且，设计人员在发现本专业图纸外部参照出现变动的时候，会在最短时间内就施工图纸的不协调内容实施及时修改。但是，这种修改一般情况下很难给设计人员带来直观感受，影响设计工作效率。

8.1.2　BIM 管理技术在建筑工程设计阶段的优势

(1) 信息的丰富性

现阶段，模型信息细化到构件物理信息、价格信息以及几何信息，甚至能够囊括全生命周期中的主要信息。因 BIM 技术能够包含建筑物所有构件信息，然后借助数据库形式进行有效储存，所以基于 BIM 的信息统计相对来说是比较容易的，可以为 BIM 在建筑项目管理中的广泛应用提供较大的可能性。将其与传统设计环节中协同平台相比，其可以实现"分离式"数据共享功能，优势突出，使 BIM 不仅可以用到建筑项目投标以及建筑施工图绘制中，而且还可以应用到项目后续运营工作中，为项目构件不断更新提供可靠指导。

(2) 参数驱动的实时关联

目前，图元间由软件自动创建或者由人工指定的相关关系即为"参数化"。建筑工程建设中 BIM 参数化功能属于 BIM 协调能力以及生产率优势的重要基础条件，其在项目设计工作中所发挥的作用可以体现在任何时间以及任何位置的修改上，而且还会体现在整个项目协调修改与内部同步上。借助 BIM 软件数据关联功能，使模型建立后可以指定生成建筑物的随意部位平面、立面以及剖面 2D 图纸，该 2D 图纸仅仅需要实施简单修改就能够成为正式施工图，然后用于指导项目施工工作。借助 BIM 软件自动生成图纸的功能，可以在一定程度上避免传统设计环节出现的平面、立面与剖面二维图纸不一致现象，将设计师从大量耗时长的施工图绘制工作中解放出来。

(3) 可视化功能

从某种程度上讲，BIM 技术不仅能够使建筑设计师们拥有三维可视化工具，而且其使设计方法以及设计理念等方面也有了长足发展，可以协助建筑设计师借助三维视野开展工程项目设计。此外，BIM 技术所具有的可视化表达可以促进空间关系解析以及跨专业理解，实现建筑设计的不断优化，在最短时间内发现设计缺陷，有效简化沟通过程，降低返工率。运用 BIM 技术的可视化功能可以把一些线条式构件通过三维实体图形的方式展示给人们，不管观看者是否有较强的工程背景，都能一看便明。从构件冲突方面出发，BIM 技术引进设计环节能够实现各专业在相同平台上实施同一构件设计，做好构件碰撞检测工作后，直接将最终的碰撞检测结果进行可视化直观显示，方便设计人员实施逐个修改。当建筑设计人员在与客户进行沟通交流的时候，BIM 技术能够相对全面地展示出建筑物内部实际空间布局，有助于客户清晰了解建筑项目建成之后的真实效果，减少了设计人员因沟通不畅而做的无用功，提升了客户满意度。

（4）三维碰撞分析功能

BIM 技术的三维碰撞功能有着较强的实用性，能够在设计期间找出各专业图纸间出现的碰撞问题，避免建筑施工过程中可能会发生的构件碰撞设计变更问题，保证项目可以按照原计划进行施工，减少项目建造工作的人、财、物的浪费。

（5）基于绿色建筑性能的开放性

在传统设计期间，相关建筑设计人员对建筑方案进行选定的时候，往往会选择一些专业化的分析软件开展日照与采光研究，然后进一步判断运用哪一种方案进行节能设计。凭借 BIM 技术进行节能设计分析的优势主要体现在实际分析期间模型的直接利用方面，不需要借助第三方软件就能够完成分析工作。

（6）灾害模拟直观化

在建筑工程设计工作中，借助 BIM 软件与专业化模拟软件的紧密结合，可以较为直观地对灾害情况进行模拟，分析事故原因，最终制订出可以有效防止灾害出现后的策略或者是应急方案。如果灾害已经发生，则救援人员可以借助 BIM 模型，就灾害发生情况或者是位置进行实时掌握，帮助救援人员有针对性地制订应对方案，有效寻找最佳路线，快速救灾。

（7）协同功能更为便利

建筑设计工作中有效引进 BIM 技术，然后在参数建模背景下完成 BIM 模型构建，这样 BIM 数据信息就会实现信息共享，进一步保证模型引用信息的同步化，防止重复建模。此外，建筑模型构建完成之后，相关工作人员能够运用模型所具有的链接功能实现不同专业在建模上的结合，之后运用碰撞分析功能快速查找出模型中不协调内容。结合分析结果，工作人员就可以对不协调的地方进行明确定位，快速确定碰撞点，当碰撞点位置进行了及时修改完善之后再开展信息共享，从而保证专业互用一致，实现协同技术与碰撞功能的合理使用。

8.1.3 设计阶段 BIM 管理应用内容

8.1.3.1 可视化设计交流

可视化设计交流一般是借助直观性相对较强的图像，促进参与方之间的有效沟通。一般情况下，运用在建筑设计、建筑施工以及政府审批等参与方中，可以保证设计人员正确理解客户意图，保证设计结果可以更加贴近建筑设计客户需求，确保客户可以及时获得自己期待的直观性设计作品，让审批方可以更加清晰地认识到设计作品是否可以满足相应的审批要求。

8.1.3.2 设计分析

（1）结构分析

从传统角度出发，运用计算机手段开展结构分析的过程中，一般包括三个步骤，分别是前处理环节、内部分析环节与后处理环节。采用 BIM，当建筑工程实施结构分析处理的时候就能够实现自动化，而且能够在 BIM 软件使用背景下实现构件关联关系的科学转化，我们可以将其向着简化关联关系进行转变，接下来，根据构件属性就是否是结构构件实施合理区分，还可以实现非结构构件的加载。

（2）能耗分析

从专业化角度出发，建筑工程建设的节能设计往往通过两个具体途径完成，具体来说，第一个途径主要是就建筑围护结构与隔热性能大力实施改善，并充分发挥室内与室外能量交换作用；第二个途径是得益于建筑取暖效果、照明效果与机电效能的日益提升，大大降低建筑物的室内能耗。实质上，建筑物节能设计的重点内容就是降低室内建筑物相关设备所产生的能耗问题，因此，设计人员应该注重设计工作的能耗系统分析。为了增强能耗分析的专业性以及真实性，可以运用 3D BIM 进行较为直观准确的分析。例如，可以凭借模型对建筑封闭空间以及隔热性能等情况进行有效分析，在实际设计工作中可以做到有的放矢。

8.1.3.3　工程协同设计和冲突检查

（1）协同设计

如果建筑施工期间，每一位设计人员都可以共享同样的 BIM，那么每个人的设计成果就能够在最短时间内有效反映到专业化 BIM 中，保证设计人员可以及时得知其他团队成员的具体设计，这种情况下，不同专业就会逐渐构建共享协同机制，从而避免了因专业不同而出现的沟通障碍，进一步减少了设计冲突或者是不必要的设计矛盾的发生。运用协同设计能够对 2D 背景下的沟通方式进行有效改变，进而对设计流程产生非常重要的影响。通常情况下，工程设计企业还应该为 BIM 协同设计工作提供全新的软硬件系统或者是技术性培训，在科学化项目管理方法基础上，降低建筑工程实施初期环节的实际设计费用。

此外，不同软件的数据信息共享属于协同设计工作的重要因素。国际协同联盟提出一个设想：不同品牌或功能存在差异性的 BIM 软件可以在兼容数据格式基础上有效支持相关信息数据的科学共享。现阶段，商业环境发展前提下，因涉及相应的商业效益，不同品牌软件实现该设想并不是简单的事情。相对来说，相同品牌软件数据共享具有较强的可靠性。

（2）冲突检查

在实际工作过程中，可以把专业上存在较大不同的模型进一步实施集成，使其能够集成为不同的模型，之后再运用相关软件的冲突检查，准确寻找到不同专业构件的空间冲突。此外，运用该软件还可以及时发现可疑的地方，并在第一时间向操作人员进行报警，经过人工确认冲突。具体来说，设计期间，执行冲突检查工作的时间一般是初步设计后期，随着设计工作的有效开展，必须要就设计过程进行反复检查，保证冲突可以被快速准确地寻找出来，然后对冲突进行修正，最终保证冲突数为零，这种情况就说明设计工作获得了非常完美的协调。

现阶段，由于建筑设计专业上的差异性，建模也会出现不同，必须要实施分别建模。这种情况下，不同专业模型相互间就会发生冲突，冲突检查工作会解决不同专业间的冲突关系。

8.1.3.4　工程设计阶段的造价管理

建筑项目设计阶段的造价管理主要工作是设计估算以及设计概算。实际工作中的很多建筑工程往往不重视设计估算以及设计概算，将造价管理重点放到施工阶段，忽视了设计阶段的造价管理。采用 BIM 实施设计阶段的造价管理工作有着相对较强的可操作性。其原因在于，BIM 既包括建筑空间以及建筑构件的几何数据信息，又包括构件材料所具有的属性，能够将所有信息传递到工程量统计软件当中。该过程的完成必须要借助 BIM 的有效利用，从而及时反映工程造价水平，在一定程度上为限额设计以及价值工程设计优化等提供坚实基础，使造价管理具有较强的可能性。

8.1.3.5　工程设计阶段的施工图生成

建筑工程设计成果当中最为重要的形式是建筑施工图。一般情况下，施工图中包含了比较丰富的具有技术标注的建筑图纸。借助 CAD 技术能够在一定程度上大大提升建筑设计人员在施工图绘制层面的工作效率。然而，传统形式的 CAD 方式所具有的弱点是非常显著的，施工图设计完成之后，若工程的某一个部位出现了设计更新，那么将会对与其相关的多张设计图纸都产生较大影响。

实际上，BIM 能够较为全面系统地描述出建筑的实际空间情况，还可以建构出 3D 模型。通常我们所说的 2D 设计图纸仅仅是 3D 模型的平行投影。当在 BIM 下绘制 2D 图纸的时候，大多数情况下生成的并不是最为理想的图纸。施工图生成作为 BIM 软件的关键性功能之一，所发挥的作用是至关重要的。现阶段，BIM 软件的自动出图功能得到了较为迅猛的发展，但是实际应用期间仍然需要进行某种程度的人工干预，例如需要对标注信息进行修正、科学整理图面等。

8.1.4　设计阶段 BIM 管理应用技术手段

（1）协同工作模式

借助 BIM 技术开展协同设计，一般情况下将会使信息数据始终保持较好的关联性，而且在一致性上也是受到人们广泛认可的，能够增强数据共享有效性，实现信息的充分利用。因此，这种情况下，对 BIM 管理方面的要求是非常严格的，通常要比传统要求高出很多。如果实际工作期间仅仅是借助人工来执行管理工作是不能顺利完成规定任务的。现今，相关设计单位借助协同平台完成指定工作已是大势所趋，同时也是 BIM 技术开发重点。借助 BIM 协同平台能够在相关的 BIM 项目中进行科学化数据管理，并凭借 BIM 设计人员相互间的协同，增强数据储存所具有的完整性，进一步实现传递的及时与准确。

从 BIM 协同作用上来看，运用该平台还可以为建筑工程设计、施工与供应商等创造较为舒适的工作环节，从而促进建筑信息的统一性与准确性，提高设计质量。BIM 技术应用中，除了基础性条件之外，还需要借助专业化的模型分级等手段，进一步摸索大量新型工作模式，并制订出系统化的工作流程。

① 建筑项目建设的相关工作人员应该提前制订防火区，从而指导后续建立合理化的 BIM 参数设定等工作。

② 设计初期阶段要注重不同专业之间的协商管理，避免实际设计中管线叠加现象的出现。此外，当设计工作已经顺利开展时，必须就设计期间遇到的碰撞问题实施有针对性分析，并制订出合理的解决方案。

③ 就 BIM 协同模式来讲，信息所具有的时效性是非常关键的，必须要保证设计团队

沟通最佳化，构建强有力的沟通机制，增强图纸修改的协调性与统一性。

从 BIM 协同平台内容上进行阐述，可以将其分为七项内容：

第一，平台内置设计标准以及相关设计流程；

第二，设计期间的用户管理；

第三，针对设计内容的共享管理；

第四，加强设计期间的流程管理，包括专业配合以及质量控制等；

第五，强化协同平台的多方参与共享管理；

第六，交付数据生成以及模型交付管理；

第七，项目归档管理以及再利用管理。

（2）工作标准分析

为了在一定程度上顺利执行协同模式，相关工作人员必须要制订出有针对性的工作模板，然后在此基础上，建筑设计各方会根据当时的设计需求情况对建模软件进行有效选择，并结合设计方法与相关的设计流程开展工作。具体来说，应该科学选择本专业主流创建软件，并以此为核心软件来设计，借助项目需求开展实时性调整与补充。在软件得到实际应用的时候，工作人员还必须就软件数据交换标准进行进一步分析，特别是要注重软件文件格式的兼容，使其符合规定要求。

借助 BIM，设计单位可以积累较为丰富的构件，然后在加工处理前提下形成能够再次利用的资源。与此同时，有条件的建筑设计单位还应促进构件资源库的合理开发，保证构件资源能够得到充分开发，使设计成本得到大幅下降，增加 BIM 技术价值。

（3）模型分级标准

实际工作中，可以将 BIM 设计与传统形式的设计进行对比，当硬件要求高的时候，如果构件创建较为复杂，则项目模型引入的时候就会出现硬件资源过度占用现象，最终影响设计效率，需加大硬件投入。当构件模型深度不足时，项目模型精度以及信息含量也会受到严重影响。所以，在实际工作过程中，相关工作人员必须要结合建筑设计工作的不同阶段，明确 BIM 模型需求，实现构件深度与模型等级的相互吻合。

BIM 在实施模型等级划分的过程中，相关工作人员应该首先整合模型架构，明确资源数据、专业模型对象以及族模型对象。等级划分中的资源数据应符合信息描述特征，可以反映出模型对象的关联关系。族模型对象作为建筑工程实施周期不同环节必须要用到的模型对象，由专业模型资源信息与共性信息两个组成部分构成，能够充分表达出不同模型间的相关属性与实际关联关系。针对专业模型对象，在实际集成工作开展的时候，应该注重模型体系情况的变化，全面构建符合生命周期发展的模型。从资源数据内容出发，应该包含几何信息、成本信息以及材料信息等相关描述数据。从族模型对象包含的内容来看，往往包含关系元素、共享构件以及属性元素等。

BIM 在实际模型深度等级划分上，一般会结合设计专业差异，对等级进行划分，包含建筑类、设备类与结构类。设计单位应结合自身业务，对专业化深度等级实施更为详细的划分。相关工作人员需要高度重视每个后续等级当中都必须要包含前一等级的特征，增强不同模型的逻辑关系。

（4）数据传递方式层面的分析

建筑信息模型面对不同要求，相关人员应进行深度分级，进而使数据传递发展为设计难题。实际工作期间，工作人员需结合不同设计环节的不同需求，对建筑信息模型实施有效划分，一般需要划分成三个阶段，然后再凭借模型数据的运用，强化各个阶段的信息数据集成，使建筑信息模型能够始终贯穿整个建筑设计过程。此外，在整个建筑施工阶段，应特别注重设计环节的数据模型，然后就施工需求模型进行科学化整理，并梳理出需要的模型，加强细节完善，增强其延伸性，充分满足施工需求。

8.1.5 设计阶段 BIM 管理应用流程优化

（1）BIM 信息创建

BIM 应用的核心是数据信息，而应用基础则是三维模型。而一般情况下，数据信息是在模型之前出现的，模型又会因数据信息的存在有着非常高的价值。实际工作中，工作人员在建立 BIM 前，需要科学创建生命周期范围内的关键性数据，进而建立起科学化的价值模型。现阶段，BIM 模型数据信息创建逐渐发展为 BIM 应用的阻碍。要想从根本上解决这一阻碍，往往需要从两个方面进行考虑：第一，从建筑生命周期理论出发，科学制订系统化的解决方案；第二，明确所需要的数据信息应该由怎样的方式进行传递以及组织，使其可以充分满足建筑施工信息共享要求。要想处理好这两个难题，应该具备完善的数据信息基础以及数据存储前提，实现数据信息的不断优化。

在数据信息基础已经完备的情况下，相关人员必须要加强数据存储与访问，进一步增强 BIM 自身交互性。从 BIM 数据交换工作出发，其交换的领域是非常广泛的，而且还会涉及多个施工环节，关系到多个 BIM 平台，整个交换过程需要严格遵守标准化交换形式，增强 BIM 技术应用的科学性与完整性。

IFC 属于国际范围内唯一一个得到广泛应用的交换标准，同时也是 BIM 数据共享的有效保障，能够为数据组织以及交换方式制定通用化标准。除此之外，IDM 以及 EFD 作为确保 BIM 体系得到顺利运用的关键性技术，能够在一定程度上科学解决交换信息界定与交换信息一致性问题。此外，信息创建优化工作中对于不同设计环节需要运用不同操作措施，然后结合数据信息的不同发展阶段加强组织管理。建筑设计前期规划阶段与设计阶段通常是来自业主需求以及具体化物理信息的，包括场地问题、气候问题以及光照问题等，且构件信息也是需要考虑的关键性问题之一。如将墙体作为设计案例，往往包括墙体厚度以及墙体功能等多个设计参数。当熟练掌握上述信息之后，进一步加强信息提取以及信息扩展，在建筑设计环节往往更加侧重建筑空间面积情况以及楼层承重情况等，致力于门窗开口位置或设备部署情况。建筑设计期间的深度设计通常是指就上述信息实施再次完善；建筑设计施工阶段往往关注施工进度的制订、相关的设计变更情况以及设备具体采购问题等信息的获取；发展到运营维护环节的时候，就需要强化空间管理以及人员管理等，做到机械设备的及时维修与养护，将维修人员的工作职责进行明确，对维修任务进行有效管理。根据实践结果显示，运营维护环节的信息扩展可以达到整个建筑过程的百分之七十左右，相对来说，所占比例是非常高的，而且还会随建筑运营情况的发展而日益增加。建筑设计环节与施工环节产生的信息能够决定工程材料总用量、建筑成本以及后期管理方向等，与工程成败息息相关，其中包含的信息价值相对较高。上述全部信息都会在工程进展基础上得到日益积累，形成完整的信息集合，保证工程的顺利完成。

（2）BIM 模型共享

信息模型所具有的有效性通常情况下依赖完整的数据信息集合。结合功能信息对模型结构与类型等进行明确，之后再根据不同的尺寸设计出最初的三维轮廓，最终在结构信息基础上适当添加组件，并在材质信息确定的条件下对材质进行添加等。从模型几何实体最终数据信息量上来看，其是模型能不能够正常使用的关键性要素。当模型信息量太大的时候，不仅会占用到过多内存，降低计算能力，而且还会造成模拟计算量增加，例如光照条件下对几何平面基础上相关折射数据与反射数据的计算等。经过长时间的测试以及验证，最终结果显示，模型数据量以及模型创建期间所用到的平面相互间是直接关联关系，一方变动，则另一方也会出现变化。

实际上，任何一款软件的应用都会具有各自的特点，并结合实际情况对信息格式进行特殊定义。具体来说，Revit 软件的文件以 RVT 格式以及 RAT 格式保存，以 NWG 或者是 NWF 作为与 Navisworks 软件的交换格式。Navisworks 属于 BIM 的一种转换平台，能够支持的格式大于 30 种。在大量数据格式或交换格式中，协同过程显得更加复杂多样，具有非常强的专业性与复杂性。

（3）功能优化模块推广与应用

功能优化属于工程设计工作中相对重要的步骤，其目的在于借助计算机所具有的计算能力，并在标准化工程规范的基础上，凭借计算机解决大量繁杂的设计工作。实际设计工作期间，相关设计人员仅仅需要实施参数设置，并对最终结果实施少量修正，几乎不需要全程参与。所以说，优化功能的发挥可以有效解放工作人员的劳动力，是一种高质量以及低成本的设计保障。

优化功能模块一般情况下包含五个内容：构件自动布置、管线净高检测、材料用量统计、综合管线碰撞检测以及综合管线智能避让。其中，构件自动布置的基础是满足设计参数规范以及建筑模型要求，进而生成相应的结构构件，与设计工作人员的方案要求相符合，起到解放生产力的作用。材料用量统计通常被应用到建筑设计以及结构设计工作中，并将 3D 模型作为核心，然后对其设计用料实施实时检测。

对于设计结果优化来说，往往是面向整体设计方案的，致力于问题检测以及问题解决。具体来说，问题检测主要是对设计方案中的相关问题进行检测，例如碰撞检测主要用在构件与管线碰撞检测中，其结果需要用检测报表的方式进行提交，以此供设计人员参考。

8.2　招投标与合同管理

8.2.1　BIM 技术在工程招投标中的优势

在招投标阶段，BIM 技术可以充分发挥一模多用的特点，不仅能够直观反映项目特征，还能够提取项目数据，进行造价计算和数据共享。在招标阶段，业主可以在之前的设计招标中委托设计院提供施工图纸和 BIM 模型，利用 BIM 模型转换成算量模型，一模多用，直接生成工程量清单；得到工程以后，可以将工程量清单导入计价软件，编制招标控制价和招标文件。通过招标文件，将 BIM 模型传递给投标单位；投标方利用 BIM 模型进行 BIM 商务标、技术标的编制并提交，由评标委员会进行 BIM 评标。具体来说，BIM 技术在工程招投标中有以下优势。

（1）信息传递高效、透明

目前我国的招投标还是以二维的方式开展的，不管是线上操作还是线下的纸质文件，传递信息的效率都比较低。BIM 技术能够以三维模型直观地呈现项目特性，减少信息传递过程中的误差和错误理解，便于投标单位快速掌握项目情况，加快招投标效率。

（2）一模多用直接导出工程量

BIM 模型能够一模多用，对模型数据进行提取算量、渲染出图等。工程量清单是招投标编制招标控制价和投标报价的重要依据，但工程量计算需要耗费大量的时间和精力。BIM 模型含有项目的全部信息，包括构件的数量、面积、体积等物理信息。利用 BIM 技术，可以统计模型内的所有构件的计量信息，避免了人工计量的误差，大幅提高计算工程量的准确性和效率。

（3）价格信息更可靠

BIM 是一个可以共享目标项目信息的资源平台，其核心包含了项目的全部信息，除了构件的物理信息以外，还包括成本信息等，在招投标阶段，利用 BIM 自动计算工程量，生成工程量清单。在 BIM 中关联相应的清单定额计价规范，造价主管部门发布的造价信息和取费标准，市场上实时的材料、人工、设备价格，最后通过 BIM 计价软件自动生成招标控制价，使招标控制价的编制更加准确、高效。

（4）评标指标的分类收集

BIM 是富含信息的数据库，在招投标阶段应用 BIM 技术，可以收集存储不同类型的工程项目评价指标，从而生成典型项目的评价指标，并通过对中标单位及业主反馈情况进行收集，不断修正，使指标更加客观，提升业主单位的招标满意度。

（5）可视化评审更加直观

通过 BIM 技术的应用，使投标方案更加直观，技术经济关联性更加友好。在评标过程中，评委可以对基于 BIM 的方案直观地进行方案评审，并可以动态准确地对资源投入和现场方案等进行查看，从而使方案评审效率更高，过程更加公开透明。

（6）过程监管更透明

基于 BIM 技术的招投标，BIM 信息库会全程收集、存储招投标信息，通过对这些信息的分类提取，能够有效地鉴别出是否存在违法行为，使过程监管更加透明。

8.2.2 应用 BIM 技术进行工程招投标的意义

随着 BIM 技术和我国建筑市场的发展，BIM 技术在招投标阶段的应用越来越成为行业发展的必要条件。在招投标中使用 BIM 技术的意义主要体现在以下几个方面。

（1）打通设计、施工壁垒

BIM 技术在设计、施工中的应用已经有了一定经验，这为 BIM 技术在其他阶段的应用打下了基础，实现 BIM 技术在全生命周期的应用将成为 BIM 发展的最终目标。目前 BIM 技术在工程项目建设各阶段的应用过程中存在不够连贯的问题，设计单位、施工单位分别建模进行专业应用，这就导致虽然在设计、施工阶段都应用了 BIM 技术，但是设计单位和施工单位并不能进行有效的信息传导和沟通，而且重复建模也浪费了人力物力。工程招投标作为设计、施工的中间阶段，能够有效地疏通这种信息的闭塞。在招投标阶段，招标方可以委托设计单位提供 BIM，并将 BIM 作为招标文件的一部分传递给施工单位，施工单位利用设计单位提供的 BIM 进行专业应用，更有利于施工、设计的沟通，对 BIM 技术在建筑全生命周期的应用也是有利的。

（2）方案评审越来越重要

我国建筑市场的发展越来越看重工程项目的质量，很多时候业主单位宁愿多花钱也要找实力过硬的施工单位施工。在这种情况下，施工方案的评审就显得越来越重要。传统的方案评审由于技术手段的限制，在有限的评审时间内平面方案难以满足评审的需求，在评审过程中容易出现评委人为因素较大的问题。目前财政部已经规定在政府采购领域取消"最低价中标"，在建筑行业招投标中取消"最低价中标"的呼声也日益强烈。BIM 技术的应用会使方案评审更加科学。

（3）优质企业更容易中标

从"最低价中标"的逐步取消可以发现，国内工程招投标市场的需求开始发生变化，从对性价比的追求转向对优质、技术方案过硬的施工企业的追求。目前我国施工企业在投标中存在着不够重视技术标编制的情况，因为在技术标编制中投入大量人力物力往往并不能使投标人在评标过程中获得相应的回报，反而一些投标报价较低的施工单位获得了评标优势，这也导致了我国招投标市场出现"低报价、高索赔"的现象，这对建筑市场的健康发展是极为不利的。基于 BIM 技术的工程招投标，利用 3D 可视化评审的技术优势，给真正优质、技术方案过硬的施工单位更多展示的机会，在评审过程中给予公正的评判，更能为招标单位挑选出优质的施工单位。

8.2.3 BIM 应用在工程招投标中的困难

（1）应用软件问题

BIM 技术引进国内的时间较晚，发展也比较缓慢，所以导致 BIM 应用软件在国内的应用也很不成熟。这些软件是根据国外的建筑标准引进来的，与我国建筑相关专业的规范不相适应，使用起来需要来回调整，浪费大量时间。另外，我国需要作出与自己国情相符合的，拥有自主知识产权的软件，这样不仅可以促进 BIM 技术的使用规模，同时也可以促进国内软件行业的快速发展。国家已经在组织相关的软件开发商、高校以及研究院等进行 BIM 应用软件的开发与研究，推动我国在 BIM 应用软件方面技术的发展。

（2）标准问题

BIM 技术的应用主要体现在应用软件上面，事实上，将 BIM 技术运用在整个工程项目全生命周期里，就是借助各种 BIM 软件实现的，建筑的各种信息就是在这些软件中来回反复使用，因此为 BIM 数据指定统一标准很有必要，这样就避免了数据来回转换发生缺失的情况。目前，国际上常用的 BIM 数据标准是 IFC 标准，IFC 标准被国外广泛使用。在我国，尚没有自己的统一数据标准。为了享受 BIM 技术给行业发展带来的便利，我国引进了 IFC 标准的平台部分。

(3) 应用模式问题

应用模式问题主要存在两个方面。

一方面是技术应用模式，比如设计阶段是基于 BIM 技术构建虚拟化的建筑信息模型。模型中包括了详细的建筑物构配件的几何信息、空间信息以及物理信息等。在设计优化阶段，根据招标文件里提供的各个专业的施工图纸，基于 BIM 技术建立设计模型的过程中，也是在检验图纸设计是否符合规范标准，比如工程结构基础配件梁、柱、板、墙以及楼梯等之间的衔接或者管线之间是否发生碰撞等。对于图纸不合理、不规范的地方进行修改与补充，为后期的具体施工操作提供了技术指导，从而减少了返工，提高了施工效率，缩短了工期，还增加了效益。同时，基于 BIM 技术还可以对投标文件里提出的施工方案进行优化与检验。根据施工方案里的施工组织设计以及资源配置计划，使用 BIM 技术模拟出施工阶段的整个过程，对施工方案进行技术与经济分析。

另一方面是实践应用模式。比如施工阶段，在施工开始前，借助 BIM 技术建立 3D 数据信息模型，根据施工时间安排，可以把整个施工现场模拟出来，使后期施工过程处在控制之中。

(4) 设计方的困难

将 BIM 技术推广应用在设计阶段需要满足三个条件：一是设计院需要花费大量的资金来购买 BIM 软件，花费精力培养自己的 BIM 工程师团队，同时还需要建立应用 BIM 技术设计的工作流程，前期投入较大；二是设计方基于 BIM 技术更多偏向于进行 BIM 技术建模和设计优化，适用面窄，不能将 BIM 技术的全部功能发挥出来，造成资源的浪费；三是使用 BIM 技术打破了传统设计师长久以来的工作习惯和思维理念，应用 BIM 技术对设计师提出了更高的要求。

8.2.4 BIM 在工程招标阶段的应用

工程建设项目招标阶段主要内容是招标文件的编制和投标申请人资格审查，而招标文件里的工程量清单和招标控制价的编制是最重要也是最基础的工作，它决定了整个招投标活动管理的质量与效率，与招投标活动能否顺利开展息息相关。招标文件里的工程量清单和招标控制价的传统编制方式不仅编制过程烦琐、复杂，工作量大，占用了工程造价技术人员的大量时间与精力，而且在编制过程中总会发生漏项少算的情况，导致计算后的结果与实际工程量有出入，为投标人提供了不实的参考价格，这样编制的投标文件毫无意义。

基于 BIM 技术的应用，招标人可以以设计单位提供的 BIM 模型为基础，将数据模型导入相关的算量软件，可以准确、快速以及高效地计算和汇总各个专业的工程量，根据工程项目特征，编制招标文件里的工程量清单。与此同时，结合国家、行业或者市场颁布的相关工程定额，获得招标控制价，可以为招标单位节省时间，减少成本，提高报价的准确性。

(1) BIM 设计模型导入

基于 BIM 技术进行招投标管理，最重要也是最基础的工作就是建立各专业的 BIM 模型。建立 BIM 模型的方式常用的有三种：

第一种，建立 BIM 模型最常用、最基础的方式是根据工程建设项目各个专业的图纸中提供的构配件数据，直接在 BIM 软件中逐步建立。

第二种，BIM 软件可以直接导入电子版 DWG 格式的施工图纸。在导入过程中，会发生数据篡改和丢失的现象，因此操作完成后，仍需要手动补充、完善相关数据，成为完整的 BIM 模型。

第三种，将已经建好的 BIM 模型直接以 GFC 格式导出，然后再导入算量软件中，经过修改和补充完善，构建算量模型，从而大大节约了技术人员不停建模的时间和精力，同时也提高算量的精确性，减少了很多人为因素带来的错误。

目前影响设计模型转化成算量模型的效率的主要因素有以下两个：

第一，算量模型数据不完整。设计人员基于 BIM 技术构建建筑信息模型时，工作重点主要放在了设计方面，因此忽略了对项目构配件造价信息的填写，所以在模型导入后，仍要耗费大量时间与精力来对算量模型数据进行补充、完善，导致了转换的效率低。

第二，数据标准问题。基于 BIM 构建的设计模型与算量模型文件格式不同，数据标准不统一，所以造成了将设计模型文件导入算量软件过程中，形成的算量模型数据格式发生错误，可能导致数据丢失。因此，迫切需要有一个对构件信息描述统一的通用数据标准，这样才有利于提高软件之间数据交换的效率。目前国际上广泛应用的数据标准是 IFC 标准。

（2）基于 BIM 技术的工程量计算汇总

基于 BIM 技术建立算量模型，算量软件自动计算汇总工程量，根据工程项目特征，编制出招标文件里的工程量清单，套用当地政府或行业颁布的工程定额，从而得到招标文件最基础也是最重要的招标控制价。应用 BIM 技术不仅大大节约了技术人员建模的时间和精力，同时也提高了算量的精确性，减少了很多人为因素带来的错误。

基于 BIM 技术的工程量计算汇总，算量软件主要操作步骤如下。

① 基于 BIM 技术建立算量模型。建立 BIM 算量模型主要有两种方式。一种是根据招标文件里提供的各个专业的图纸，直接在 BIM 算量软件中建立各个专业的算量模型，如装修、安装以及结构等工程。另外一种是将已经达到符合设计标准的设计模型直接导入算量软件，得到算量模型。算量模型可以把工程中各个构配件的几何、物理以及空间等相关的信息以参数化、可视化的方式呈现给造价咨询技术人员。

② 输入工程主要参数。根据招标文件里提供的各个专业的图纸，在算量软件建立算量模型过程中，输入工程的一些主要参数，比如钢筋的损耗率、绑扎方式以及楼地面的标高数据等。这样才能使计算的工程量更加符合施工过程中实际发生的工程量，具有参考意义。

③ 算量软件自动计算汇总工程量，根据工程项目特征，编制出招标文件里的工程量清单，再套用当地政府、行业或市场颁布的工程定额，从而得到招标文件最基础也是最重要的招标控制价。把 BIM 技术和工程建设项目招标文件里的工程量清单和招标控制价的编制结合起来，大大减少了造价咨询技术人员的计算时间，这样造价咨询技术人员才能把更多的精力放在后期的招标文件编制以及招标活动开展上。

8.2.5　BIM 在工程投标阶段的应用

（1）基于 BIM 的施工方案模拟

在 BIM 中，整个施工过程都是可模拟的，基于 BIM 技术的工程建设项目三维立体数据模型的构建，使项目在投资决策、设计、招投标、施工、竣工运营等各个阶段的实施过程可视化，为项目参与者提供了一个更好的沟通、讨论与决策的共享平台。基于 BIM 技术构建工程建设项目三维立体数据模型，再根据施工进度计划安排，以相关软件为平台，可以对工程建设项目各个阶段进行施工现场布置，模拟施工状况，同时也可以对施工组织设计进行审查，判断其合理性与经济性，为工程施工过程中的重要施工节点提供技术上的支持与建议。

(2) 基于 BIM 的 4D 进度模拟

基于工程建设项目 3D 立体数据模型的构建，加上施工进度计划，构成 BIM 的 4D 进度模拟。基于 BIM 的 4D 进度模拟，可以明确、直接地获取每一段时间施工现场的工程量完成情况，以及未来短期内的资金和资源供应情况，借助进度模拟，可以对施工现场和施工过程有一个清晰的认识，同时也可以对整个施工现场的技术、资源、进度进行控制与调节，节约资源、保证工期、保障质量，从而实现工程效益的增长。在工程建设项目投标阶段，采用基于 BIM 的 4D 进度模拟，可以让招标方对投标方的施工方案里的施工过程以及施工过程中的资源配置计划有一个清晰认识，有利于增加投标单位中标的概率。

8.3 成本管理

8.3.1 传统成本管理方法概述

施工成本控制的方法多种多样，根据依据的不同，有施工成本作为控制依据的，还有根据会计核算等作为控制依据的。

成本管理在每个阶段都有对应的管理方法。

(1) 施工前的成本管理

施工前的成本管理更加注重针对管理工程中预算的分析和估计，基于此可以有效地管理采购环节的成本。投标报价所应用的主要方法是量价分离。对预算中的工程量进行分析可知，通常情况下采用标书中的工程量清单，其中针对价格的分析和确定不仅要根据实际项目的情况进行分析，同时还要综合考量实际项目在运行中可能存在的风险，所采用的报价方法为不平衡报价。不平衡报价也要在原始报价的基础上进行分析，其中的施工建设量必须在实际工程量的分析之内，一般情况下此类项目会有相对较高的单价；部分项目在标书中工程量要大于实际工程量，一般情况下此类项目会有相对较低的单价。保证中标价格不改变，获取工程款项的时间越早越好。

建设工程物资的采购模式有很多，一般情况下采用业主自购模式。建筑材料等的采购主要依据合同来进行。

(2) 施工过程中的成本管理

① 成本预测。在针对项目成本进行分析以及预测的过程中，成本预测在其中扮演着十分重要的角色，比如最开始的投标就尤其关注项目的原始成本。有多种方法可以进行预测，如详细预测方法等。

② 成本计划。总体项目的成本计划一般是利用货币的形式编制对应的成本管理方法，

并且利用这种方法高效地完成针对成本的分析和预测，在目标成本的基础之上，实现成本管理责任制的有效构建，依据目标成本全方位地落实项目成本控制。工程价款结算也是以目标成本作为基础的。项目成本计划主要涵盖了两个方面的内容：第一个方面是直接成本计划；第二个方面是间接成本计划。

③ 成本控制。项目成本控制表现出动态性，采取多维度措施来进行成本控制，通常情况下可以划分为事前、事中以及事后控制。从实际项目施工中成本的管理以及计算进行分析可以确定，工程成本核算在其中扮演着至关重要的角色，工程成本核算的实现依赖于企业管理方法以及管理水平，通过工程成本核算，可以有效地降低建筑企业的成本开支，同时也有助于企业利润水平的提高。建筑工程中，当前阶段主要采用表格以及会计核算法，同时以实际施工成本的管理方法进行分析。不同的场景需求对应的施工成本管理方法存在很大的差异，在针对岗位成本进行分析的过程中，一般情况下利用表格核算的方式进行成本的核算，两者可以有效地结合在一起，从而发挥更好的效果。

④ 成本分析。成本分析可以有效地分析项目成本的数据，基于此可以全方位地分析成本所呈现出的变化情况，同时也可以分析出变化的原因。在项目成本分析中，有差额计算法等方法可以采用。

⑤ 成本考核。成本考核可以有针对性地考核项目全部的生产要素，在施工过程中或结束后，有针对性地总结以及评价各班组的成本管理情况。

(3) 竣工结算的成本管理

工程结算必须建立在工程结算书的基础之上，完成了审核后，就可以将其提交给业主方。竣工结算方式比较丰富，如预算结算方式等，在所有的方式中应用最为普遍的就是工程量清单结算方式。按照成本管理的方法不同，传统成本管理主要有如下几种。

① 目标成本管理。该方法在目标管理的基础之上有效结合了成本控制，突出成本管理、循环和全程管理，保证工程成本目标的达成。

② 成本分析法。该方法基于相关分析等，对项目施工成本进行综合分析，或分析其中存在的人为因素，可以更好地为后续的成本控制提供有效的解决方案以及理论依据。

③ 价值工程。该方法基于功能分析，尽可能地降低必需功能的成本，这样就可以实现价值有效的提升。其在施工中可以用于对比选择多个方案，在价值分析结果的基础之上，实现对最优方案的确定，最终全方位地落实。

④ 挣值法。利用这种方法针对施工项目进行管理的过程中，会将实际的项目施工情况和计划的进度进行比较，并且利用这种方法完成施工任务的合理控制，基于此高效地实现项目的进度以及成本管理，有着广泛的应用。

上述成本控制方法的使用必须要考虑实际情况，进而更好地管理、控制施工成本，达到预期成本目标。

8.3.2　BIM 技术应用于成本管理的优势

(1) 提高成本预决算和成本控制的效率

BIM 的自动化工程量计算为造价工程师带来的价值主要包括以下几个方面：首先，提高了算量工作的效率，为造价工程师节省更多的时间和精力用于更有价值的工作，如造价分析等；其次，基于 BIM 的自动化工程量计算方法比传统的计算方法更加准确，摆脱了人为因素的影响，得到更加客观准确的数据；最后，BIM 可以通过多算对比提高成本管理的高效性和准确性。

（2）降低计价区域性和清单定额共存带来的不便

在现行体制和政策下，计价区域性和各地计价标准的差异暂时还无法完全避免，不同的省份和地区有自己的指导价格，在当地竞标和预结算时都不得不考虑本区域的计价标准。但是基于 BIM 的计价和成本管理，可以在一定程度上降低这种差异带来的不便。

首先，基于 BIM 的计价软件集成了全国各地的清单和规范数据库，在算量和预算上，省去了造价机构和人员到新的地方后需要熟悉和适应新的计价标准，因为基于 BIM 的成本管理没有手工计价这个过程，是由软件直接完成算量和计价的。其次，基于 BIM 的预算可以共享企业或个人在长期工作中积累的工程数据和经验，逐渐形成企业自己的定额和清单数据库，在投标竞标中形成自身的竞争优势，也从另一个侧面推动了整个行业的发展。

（3）提高成本管理工作的连续性

BIM 模型丰富的参数信息和多维度的业务信息能够辅助不同阶段和不同业务的成本控制。在项目投标过程中，可以结合项目信息和 BIM 数据库积累的历史造价信息进行快速的成本预算和报价。在设计交底和图纸会审阶段，BIM 可以利用可视化模拟功能，进行各专业碰撞检查，降低设计错误数量，避免了工程实施中可能发生的各类变更，做到了成本的事前控制。在施工过程中，利用 BIM 技术可以快速准确地统计和对比实际成本与计划成本，提高成本管理的信息化水平和管理效率，真正做到实时的成本过程控制。

（4）施工成本数据的积累与共享

BIM 技术支持带有各种设计和施工全部数据的 3D 模型资料库，并通过统一的模型入口进行调用和分析，实现最大化的信息共享。同时，企业可以建立企业级 BIM 数据库，通过项目和成本数据的积累，为同类工程提供对比指标，形成自己的清单和定额数据库，实现了成本数据的积累与共享。

（5）提高成本管理的信息化水平

BIM 的成本信息模型可以看作是一个可视化的项目成本信息库，且这个数据库的信息会随着施工进展和市场变化进行动态调整，当模型数据发生变化时，各项目参与方均可实时共享更新后的数据。

BIM 这种富有时效性的共享数据平台，提高了整个行业的信息化管理水平，改善了沟通方式，打破了各参与方、各项目实施阶段之间的信息壁垒，对提高成本管理水平和管理效率作用巨大。

（6）高效地控制设计变更

利用 BIM 技术，在设计阶段和施工前期对大部分设计缺陷通过碰撞检查、施工方案模拟等予以消除，个别设计缺陷在施工阶段也将更高效地进行设计变更管理。当发生设计变更时，修改模型即可直观地在 BIM 系统中显示变更结果并记录变更的时间、参与人、工程量价变化等信息，为成本对比分析和索赔、竣工结算等提供带有时间信息的数据支持。

8.3.3 成本管理

8.3.3.1 目标成本管理

目标成本管理实施后，就可以更好地指导项目成本的过程控制，在事前规划的阶段确定合理的目标，在过程控制的过程中拥有足够的依据，在成本分析的过程中存在着相对应的标准；明确目标成本管理，有效地分解工作，真正地落实到责任人，对其工作绩效有针对性地考核。当前市场竞争中低价竞争越来越普遍，全方位地落实目标成本管理，就可以进一步地强化全员成本管理，有利于把控全局的投入与支出，有利于从制度上保证成本管理在可控范围内，有利于提高企业的市场竞争能力，这对于企业可持续发展有着非常大的帮助。

制订目标成本时，要对项目的环境条件等因素进行充分考虑，同时还需要结合该企业的外部条件。在企业目标管理中，目标成本管理作为其至关重要的一部分，要全方位地落实，这对于企业强化成本核算有着促进作用，可以真正地做到全员成本管理，将成本经济责任制严格地落到实处，全方位地实施成本节约分红制，使得企业上下的成本管理意识得到显著加强，提高成本管理的水平以及效果。基于目标成本，可以实施有效成本比较，全方位地把握成本差异，掌握出现差异的原因，将成本管理的焦点聚集在差异比较大的成本项目中。

确定目标成本的方法通常有：

① 选择某一先进成本作为目标成本。它可以是类似项目的目标成本，或企业内部最为理想的项目成本水平。

② 充分考虑企业所拥有的历史成本，综合后续所采用的成本降低措施，结合各层面的成本降低任务，在此基础之上展开综合测算，进而得以确定。

③ 先制订项目利润，在合同价中将目标利润去掉，这样就可以获得目标成本。

确定目标成本后进行目标成本可行性分析。主要从实现途径、实现可能性、实现成本三个方面对目标成本的可行性进行论证。

首先，从目标成本的实现途径进行论证。实现目标成本的途径或方法是否具备可操作性，实现途径是否适合本项目，以及实现途径是否存在外部障碍或是否合法，都是目标成本实现途径的论证要求。例如某项目目标成本计划采取 BIM 技术进行成本控制，但是项目部本身缺乏相关专业的人才，即该目标成本实现途径不适合该项目。另外，目标成本实现途径的多样性也是需要论证的重要范畴。同等条件下，能够实现目标成本的途径越多，各个途径之间的可替代性就越强，则目标成本风险就越小。多样性的目标成本实现途径能够保证在突发状况时仍能够实现目标成本。

其次，分析论证目标成本实现的可能性。制订目标成本要考虑目标的可达性，即项目团队通过一定程度的努力就能够实现。一方面要能够激发团队的奋斗激情，另一方面是切合实际能够实现的。因此，必须对目标成本确定的可达性进行论证，保证目标是团队通过努力就能够实现的。

最后，需要论证实现成本。成本管理的核心是对不必要的浪费进行控制，实现对成本的有效降低。但是同时也需要注意进行成本管理本身也是一项需要消耗人力、财力的工作。越先进的成本管理手段则越需要先进的技术支撑，成本相应较高；越严厉、精细度要求越高的成本管理其实现目标的成本也越高。因此，还需要对成本目标实现手段的自身成本进行论证，避免得不偿失的情况发生。

8.3.3.2 BIM 模型应用

在成本管理的投标阶段，BIM 技术帮助企业实现不平衡报价以及清单核算；在施工准备阶段，BIM 技术可以制订施工图预算，有效地控制材料；在施工阶段，BIM 技术可以有效地实现消耗量分析也可以更好地进行材料过程管理；在竣工阶段，采用 BIM 技术可以有效地避免少算、漏算等情况。整体来看，在成本管理方面，BIM 技术的潜力巨大。

如何将 BIM 技术应用于成本管理或如何寻找切入点引进 BIM 技术都是亟待研究的问题。BIM 技术的应用很大程度上提高了成本管理的效率，总体来说可以从如下四个方面作为切入点研究。

(1) 成本参数化

成本参数化包括构件信息参数化和资源信息参数化两个方面。构件信息参数化就是将建筑工程中所有的组成元素进行构件拆分并进行编号，分类整理并对其输入参数。例如按照受力不同分为梁构件、板构件、墙构件、柱构件等，然后对梁又按照其截面尺寸、配筋不同进行分类编号。通过建立 BIM 模型使所有的构件都有其独特的构件信息，并将该信息制作成电子二维码贴在构件上，包括构件尺寸、构件材料、构件供应商、构件与周边构件的搭接关系以及操作构件时需要注意的安全事项。构件参数化信息越详细越有利于成本管理，成本管理同时也依赖于详细的构件信息。BIM 3D 技术结合成本管理和进度管理形成的 BIM 5D 技术能够将每道工序所需要的劳动力、材料定额用量、机械台班数等添加到构建信息化参数中，使得每一道工序和每一个构件都有详细的成本信息。资源信息越详细越便于精细化成本管理。

(2) 深化设计

BIM 的各项功能中被运用得较多的是漫游动画功能，此功能能帮助各个参与方加深对设计意图的理解，如同漫步于真实的建筑模型中。依托于 BIM 技术所拥有的漫游功能，施工单位可以对设计细节全方位地观察，全方位地分析其中的一些隐蔽部位，可视化模拟分析关键环节和隐蔽部位，以便施工顺利进行，深化节点，使业主多样化的使用要求得到有效的满足。BIM 技术可以渲染地质地理环境等，这为施工组织方案的编制奠定了基础。

(3) 设计变更管理

签证及设计变更是工程项目成本中非常重要的部分，及时做好签证管理和变更管理有利于进行有效索赔，从而进行成本创收。应用 BIM 平台，可以及时沟通变更信息，并通过修改模型实现变更，施工企业依据平台内设计单位的电子变更单和变更后的模型施工，并办理签证或索赔，提高了签证办理效率，相比于传统的签证办理形式更快捷，且有据可循，不必担心结算时找不到变更单。

(4) 项目动态控制

项目动态控制包括进度动态控制和成本动态控制。进度与成本紧密相关，进度提前通常意味着成本节约。5D BIM 包含进度信息和成本信息，定期对进度进行检查，对成本进行核算，并将信息及时更新至 5D BIM 中，项目管理者可以随时查看进度和成本信息，从而做出准确的决策。

8.3.3.3　成本检查

(1) BIM 动态跟踪检查

成本管理的核心在于纠偏，而纠偏的前提即是对成本信息进行精确地核查和检查。加强动态成本管理，及时地进行成本信息反馈是精细化成本管理的要求。BIM 技术能够在短时间内处理大量的数据信息，包括分类构件的成本汇总、比较、数学分析，这依赖于强大的成本信息数据支撑。

施工企业需要制订合理的成本动态跟踪检查制度，安排专门的岗位负责收集汇总成本信息，并及时在 BIM 中更新。一般由预算部门按照一个固定的时间间隔对上一时间段发生的成本变化进行统计，这个时间段的确定根据项目的具体情况而不同。如果项目环境稳定且条件比较成熟，成本变化基本上呈稳定态势发展，则成本跟踪检查的周期可适当取长一点，例如一旬或一个月作为一个检查周期；当项目采用了较多的新技术、新工艺，或者外部条件不稳定，或者项目团队缺乏配合默契性等，项目成本变化一直处于较大的变数中，成本变化无规律可循，则成本跟踪检查周期应适当缩短，例如一周甚至一天都可以作为一个检查周期。另外，确定施工成本跟踪检查周期还需要考虑建筑工程项目所处的施工阶段，一般来说基础施工阶段各种资源消耗量较大，且技术较复杂，可能存在较大的成本风险，成本检查周期应该尽量缩短；而在主体施工阶段，建筑工程成本变化基本保持在比较平稳的水平，成本风险也相应降低，因此成本检查周期应适当延长，以减少成本检查的费用。总之，工程项目需要动态地进行成本跟踪检查，确定合理的成本检查周期至关重要。

(2) 动态成本分析

成本跟踪检查的目的是收集成本信息，项目管理人员将成本信息输入 BIM 中，与成本计划进行比较分析，模型会自动识别差异信息并输出。管理人员只需要进一步分析产生差异的原因，由于输入信息非常详细，一般可以追溯到具体的某一构件或者某一工序。管理人员分析该构件或者该工序成本超支的原因，如果该原因可以避免，如由于工人误操作或工序衔接不当，可以通过后续改进消除，则目标成本无需调整。如果该原因属于系统性原因或因为客观条件限制无法达到预定的目标成本，则可对目标成本进行适当的调整。

成本分析是成本管理的关键环节，建筑工程较多出现决算超预算等现象，成本分析的目的就是找出实际成本超过计划成本的原因，在项目立项阶段，概算为具体执行的成本，全方位地对比估算成本，项目前期阶段，概算成本也可以被视为计划成本，而预算成本也可以被视为实际执行成本，分析预算超概算的原因。

因此，成本分析是一个动态循环的过程，上一步的计划成本有可能作为下一阶段的实际成本，不断动态地分析、对比实际与计划之间的差异，能够及时发现成本超支原因，为下一步成本纠偏提供保障基础。

8.4 进度管理

8.4.1 进度管理现状

伴随进度管理理论和信息化技术的发展，我国工程项目进度管理水平得到不断提高。但当前大多数工程进度管理仍很粗放，虽然有详细的进度计划以及网络图、横道图等技术做支撑，但进度滞后、工期延误现象仍会时常出现，对整个项目的经济、社会效益产生直接影响。通过对工程项目进度管理的影响因素的认识，分析目前工程项目进度管理中普遍存在的问题，主要表现在以下几个方面。

第一，进度管理影响因素多，管理无法到位。工程建设过程十分复杂，影响进度管理的因素颇多。地理位置、地形地貌等环境因素，劳动力、材料设备、施工机具等资源因素，施工技术因素，道德意识、业务素质、管理能力等人为因素，政治、经济、自然灾害等风险因素都会影响到工程项目的进度管理。

第二，进度计划过于刚性，缺乏灵活性。目前工程项目进度管理中，多采用横道图、网络图、关键线路法，配合使用 Project、P3 等项目管理软件，进行进度计划的制订和控制。这些计划制订以后，经过相关方审批，直接用于进度控制。现场设计变更及环境变化现象时有发生，由于计划过于刚性，调整、优化复杂，工作量大，可能导致实际进度与计划逐渐脱离，计划控制作用失效。

第三，项目参与单位多，组织协调困难。因工程项目的自身特点，需要多方参与单位共同完成。各单位除完成自身团队管理外，还要做好与其他相关方的协调。当前的工程模式，项目利益相关方并不能充分协作，不利于项目目标的实现。例如，供应商不能按期、保质、保量地供应材料、设备，机械设备使用时间段的争抢与纠纷，施工段划分不合理，流水组织不力，业主单位工程款无法按期支付等，如承包商不能及时解决，都会影响工程进度。

第四，工程进度与质量、成本之间难以平衡。在施工过程中，进度、成本和质量三者相互联系，任何一方的变动，都会导致其他两方的变化。加快进度，就意味着增加成本，影响质量。采取赶工措施必然要增加资源的投入，带来费用的增加。三者之间的平衡直接决定了项目目标的实现。当前工程项目中，由于相关技术和方法的缺乏，很难对三者进行综合考虑和平衡，容易出现抢进度、增加成本、质量不达标、返工使进度又拖后的恶性循环，最终导致进度的不断拖后和成本的不断增加。

8.4.2 进度管理 BIM 技术优势

据 Autodesk 公司的统计，利用 BIM 技术可改善项目产出和团队合作，三维可视化更便于沟通，提高了企业竞争力，减少了信息请求，缩短了施工周期，减少了各专业协调时间。可见技术的价值是巨大的。具体来说，施工进度管理使用 BIM 技术有以下价值。

① 基于 BIM 的集成化施工进度管理提供了信息交互的平台，显著增加了参与项目各方之间的交流和互动，通过施工信息模型可以进行实时信息查询，提升了施工进度管理的效率。

② 利用 BIM 模型对建筑信息的真实描述，进行构件和管线的碰撞检测并优化设计，

对施工机械的布置进行合理规划，在施工前尽早发现设计中存在的矛盾以及施工现场布置的不合理，避免"错、缺、漏、碰"和方案变更，提高施工效率和质量。

③ 通过直观真实、动态可视的施工全程模拟和关键环节的施工模拟，可以展示多种施工计划和工艺方案的实操性，择优选择最合适的方案。基于 BIM 的施工安全分析和矛盾分析，有利于提前发现并解决施工现场的安全隐患和碰撞冲突，提升工程的安全等级。

④ 合理计划并精确控制施工进度，动态配置施工资源，合理布置施工场地，保证资源供给和作业空间，可减少或避免进度延误。支持基于 BIM 施工进度的工程量、资源、成本等信息的即时查询和计算分析，有利于加强管理者对工程实施进度、资源、成本的控制。

⑤ 施工阶段建立的 BIM，可在项目竣工后继续用于运营维护阶段的信息化物业管理，为项目设计阶段、施工阶段和运营维护阶段的数据交流提供了平台，实现了贯穿项目整个生命周期的数据交互。

⑥ 加快进度，缩短工期。通过 BIM 技术，能够增强团队协作、颠覆传统的项目管理模式、实现动态管理，可通过构件场外预制、材料提前准备来减少施工的空闲时间，加快了进度，缩短了工期。

⑦ 更加精确可靠的项目概预算。基于 BIM 的工程量计算比基于图纸的更准确、更简捷，预算也就更准确、更高效。

⑧ 提高工作效率、节约成本。使用 BIM 技术可显著提高项目各参与方的信息交流和互动合作，使决策可以在全局考虑后的很短时间内制订并传达执行，减少了拖延的时间和返工的次数。BIM 技术还支持新兴生产工艺的引入，如场外构件预制、模型作为施工文件等，大大地提高了工作效率，降低了成本。

⑨ 有利于项目的创新性。采用 BIM 技术可以对传统项目管理体系进行优化，如在集成化项目管理体系下，各参与方可以尽早尽快参与设计，多方参与的模式有利于先进技术与经验的引入，提高了项目的可操作性，实现了项目的创新与成熟并行。

⑩ 方便后期管理与维护。BIM 在竣工后可作为物业运营与维护的数据库。

8.4.3　进度管理 BIM 技术应用

进度管理 BIM 技术应用思路为在模型三维空间上增加时间维度，形成四维模型，用于项目进度管理。四维建筑信息模型的建立是技术在进度管理中核心功能发挥的关键。四维施工进度模拟通过施工过程模拟对施工进度、资源配置以及场地布置进行优化。过程模拟和施工优化结果在三维可视化平台上以动画显示，用户可以观察动画验证并修改模型，对模拟和优化结果进行比选，选择最优方案。

与空间模拟技术结合起来，通过建立基于 BIM 的施工信息模型，将项目包含建筑物信息和施工现场信息的模型与施工进度关联，并与资源配置、质量检测、安全措施、环保措施、现场布置等信息融合在一起，实现基于 BIM 的施工进度、成本、安全、质量、劳动力、机械、材料、设备和现场布置的动态集成管理以及施工过程的可视化模拟。

BIM 平台下的施工模拟技术是在 3D 建筑信息模型空间上增加时间维度形成模型，使用高性能计算机进行施工过程的模拟。施工模拟技术是按照施工计划对项目施工全过程进行计算机模拟，在模拟的过程中会暴露很多问题，如结构设计、安全措施、场地布局等的各种不合理问题，这些问题都会影响实际工程进度，甚至造成大规模窝工。早发现，早解决，并在模型中做相应的修改，可以达到缩短工期的目的。

(1) 进度管理 BIM 技术应用步骤

建立建筑工程信息模型可以分为三个步骤：首先创建建筑模型；然后建立建筑施工过程模型；最后把建筑模型与过程模型关联（工程信息模型）。

① 创建建筑模型。系统支持从其他基于标准的模拟系统中直接导入项目的建筑模型，也可以利用系统提供的建模工具直接新建建筑模型。系统一般都会提供创建梁、柱、板、墙、门、窗等经常使用的构件类型的快捷工具，只需输入很少的参数就可以建立相应的构件模块，并且给构件模块赋予相应的位置、尺寸、材质等工程属性信息，多种模块组合起来就形成建筑模型。

② 建立建筑施工过程模型。施工过程模型就是进度计划的模拟，将建筑结构分为整体工程、单项工程、分部工程、分项工程、分层工程、分段工程等多层节点，并自动生成树状结构，把总体进度计划划分到每一个节点上，即完成进度计划的创建工作。系统提供了丰富的编辑功能以及基本的施工流程工序模板，只需做少量输入就能够为节点增添施工工序节点，并且在进度信息中添加这些节点的工期以及任务逻辑关系，同时在进度管理软件中也设置一些简单的任务逻辑关系，创建进度计划就完成了，这显著提高了工作效率。

③ 建立工程信息模型。在完成建筑模型的建立和施工过程模型的建立后，利用系统提供的链接工具进行节点与工程构件以及工程实体的关联操作，通过系统预置的资源模板，自动创建工程信息模型。系统提供的工程构件可以依据施工情况定义为各种形式，可以是单个构件，如柱、梁、门、窗等，也可以是多个构件组成的构件组。工程构件保存了构件的全部工程属性，其中有几何信息、物理信息、施工计划以及建造单位等附加信息。

(2) 建筑施工数据集成和信息管理

① 施工管理数据库。在施工进度管理系统中，模型数据的记录、分析、管理、访问和维护等操作主要是在施工管理信息数据库中完成。由于在信息模型中模型实体的数据结构烦琐，有复合数据、连续数据和嵌套数据等，为了实现科学合理地管理这些数据，使模型能够直观、真实地表现工程领域的复杂结构，一般采用将模型对象封装的办法来提升数据处理能力。在系统中加入面向对象的计算方法，并创建面向对象的工程数据库系统，实现了较高层次上的数据管理。

② 施工管理信息平台。施工管理信息平台为工程项目管理者提供了一个信息集成环境，为工程各参与方之间实现互联互通、协同合作、共享信息提供了一个公开的应用平台。其功能主要包括两方面：首先是施工管理信息数据的记录与管理，主要内容有施工管理过程中所有数据的统计、分析，数据之间逻辑关系的建立和调整，产品数据与进度数据的关联等；其次是施工管理数据库的维护，通过该平台提供的信息数据库访问端口，可以对数据库内所有的复杂实体数据进行访问，允许用户根据实体的工程属性信息进行分类搜索、统计查询和批量修改等操作，提供协同施工管理的环境。

③ 数据交换端口。数据交换端口可以提供其他非标准的软件或系统与本系统之间进行数据交换的途径。本系统采用以中性数据文件为基础的数据交换模式，数据交换端口主要用于实现应用系统读写和访问信息模型内基于标准的中性文件。具体来说，在施工进度模型中，数据交换端口主要用于与项目进度管理软件进行数据交换。

（3）4D 施工管理系统

4D 施工管理系统为管理者提供了进行项目施工管理的操作界面和工具层。利用此系统，管理者可以制订施工进度计划，进行施工现场布置、资源配置，实现对施工过程和施工现场布置的可视化模拟，对施工进度、综合资源的动态控制和管理。

① 施工进度管理。系统以工程经常采用的进度管理软件为基础，通过进度管理引擎将重新定义的一系列标准调用端口连接，实现对进度数据的读写和访问。按照该端口的定义，系统建立了与工程进度管理软件的链接，实现了数据交互共享。进度计划管理可以有两种实现方法：

一种是通过进度管理软件的管理界面，对进度计划进行控制和调整。当平台中的进度计划被修改，施工模型也自动调整，使进度计划不仅可以用横道图、网络图等二维平面表示，还可以用三维模型方式动态地呈现出来。

另一种是在软件的操作界面中实现施工模型的动态管理，其主要功能如下：可实时查看任意起止时间、时间段、工程段的施工进度；模型上不同的颜色代表了不同的工作，已完工的用特殊颜色标记；可实时查看图像平台上的构件、构件单元或工程段等任意施工对象的施工状态和工程属性信息，如当前工作的计划起始时间、持续时间、施工工艺、承揽单位和任务量等；对施工对象的持续时间和目前施工情况进行修改，系统会根据项目进展自动调整进度数据库，修改进度计划，并即时更新呈现图像；当模型或进度计划发生了改变，系统会自动更新数据，重新进行劳动力、机械、材料等施工资源的计算和调配，资源配置始终与施工进度计划关联，协调时间的同步性，实现基于进度计划的资源动态管理。

② 施工过程模拟。通过将建筑物的信息模型与施工进度计划关联，以及与劳动力、机械、材料、设备、成本等相关资源的信息融合，可以建立起施工进度计划与模型之间、与相关资源用量之间的复杂的逻辑关系，并以三维模型的形式直接地呈现出来，完成整个施工过程的可视化模拟。用户只要指定施工对象并选择当前时间，系统就可以按照施工进度生成当前施工状态的三维图像。动态模拟能够呈现任意施工时间区间任意时间间隔的工程三维图像，既能够按照时间渐进的顺序进行模拟，又能够按照时间的逆序进行模拟，还可以随时获取工程量以及劳动力、机械、材料等施工资源的信息，实现对整个施工过程的动态监测。

工程量统计可以在建筑工程信息模型的基础上进行计算。利用信息模型统计工程量，可以有效减少数据输入的工作量。工程信息都是按照建筑构件实体的形式分类保存的，每一个单独的构件都存入了其类型、尺寸、位置、材质等重要的几何和物理信息，把这些不同的构件按类别汇总，通过读取构件的几何信息，就能计算出构件的周长、体积、表面积、重量等特性，然后就能很轻松地统计出该工程项目的各分部、分项工程的工程量总和。

计算出工程量后，结合国家、地区和企业编制的概预算定额，就可以编制建筑工程项目的概预算。再利用工程项目施工进度信息，就能够得到工程施工过程中成本预算的变化，这可以作为工程项目施工阶段成本管理的参考。

③ 4D 动态资源管理。用户首先对初始资源模板进行定制，建立企业定额标准，然后输入材料种类、劳动力、机械、设备以及各种资源的提供商等信息。系统把构件的三维模型与各种资源相关联，最后自动分析任意构件、构件单元或施工段在不同时间阶段的资源用量，并给出合理配置方案。如果想对资源信息进行更改，只需对资源模板进行修改，就

可以自动调整全部关联构件的资源属性。

4D 动态资源管理系统将施工进度、建筑三维模型、资源配置等信息合理地关联在一起，实现了对整个施工中资源的计划、配置、消耗等过程进行动态管理的目的。资源管理的对象包括劳动力、材料和机械，通过计算各单位工程、分部工程、分项工程的劳动力、机械、材料的需求量和折算成本，并将各种资源与构件的三维模型关联，就可以生成任意构件或构件单元在施工阶段内的资源消耗。将资源消耗情况与施工进度计划结合，就达到了资源动态管理的目的。

④ 4D 施工场地管理。4D 施工管理系统还可以对施工场地进行规划。利用一系列管理工具就可以布置任意施工阶段的场地，包括施工红线、围挡、施工设备、临时建筑、材料仓库、作业场地等的规划。

8.5 质量管理

8.5.1 传统施工质量管理概述

传统施工质量管理存在的问题主要包括以下这些方面。

(1) 施工操作人员专业技能

施工操作人员的技能水平、职业道德和责任意识对工程的最终质量有着重要的影响，在目前的建筑市场中，施工人员特别是一线操作人员需要参加技能岗位培训，并取得相关岗位证书和操作技术等级证书。

(2) 使用材料不规范

对于项目施工所使用的材料，国家、行业、地方都出台了相应标准，一些施工单位自己也制定了相关材料质量标准，都对建筑材料质量有严格的规定和划分。在实际的施工过程中，施工企业若不重视建筑材料的质量管理有可能造成工程出现质量问题。

(3) 不按设计要求或规范规定进行施工

在项目施工过程中，由于施工人员对设计和规范的理解不深不透，不能准确把握设计要求和规范规定，容易造成质量问题。

在工程完工后，如果在视觉上就能发现一些问题，该工程就不是施工质量高的工程。在施工前，没有人能准确预测竣工后的实际情况，往往在工程竣工后，或多或少会有一些地方不符合设计意图，后期使用过程中可能会出现质量问题。如管线布置混乱、设备安装维修空间狭小、局部问题导致外观效果不佳等，都会影响工程竣工后的质量效果。

(4) 各专业班组之间相互影响

工程项目建设是一个复杂的系统性过程，需要不同专业、不同单位、不同班组的相互协调配合，才能很好地完成任务。在工程实践中，由于专业不同或所属单位的不同，专业班组往往很难事先与其他专业工作人员进行协调和沟通。这使得在实际施工过程中各专业班组不能相互协调，导致停工、返工；各专业班组工作时经常出现相互的碰撞、损坏、干扰等问题，严重影响工程质量。

8.5.2　BIM 技术对人、机、料、法、环的影响

(1) BIM 技术对人的影响

人的因素是工程施工质量影响因素中最关键的一个。人的因素主要包括两方面，一方面是客观因素，主要是技术能力的问题，另一方面是主观因素，主要表现为人对质量管理的要求和重视程度。要使 BIM 技术在施工质量管理中起到应有作用，施工质量管理人员就必须学会使用 BIM 技术相关软件。相对于 BIM 建模来说，BIM 应用还是比较简单的，不管是管理人员还是施工人员，只要进行简单的培训就可以掌握相关的技能操作。BIM 技术相关软件可以将施工过程进行较为清晰的模拟仿真，让施工管理人员熟练掌握施工工艺和质量要求。但真正的关键是所有项目施工管理人员都要建立质量责任意识，充分发挥人在施工质量管理中的主导作用。BIM 技术提高了管理者的工作效率及对施工质量的掌握程度。以往施工管理人员需在现场采集数据，再回办公室整理信息核对，工作效率低。BIM 技术可以使一线作业人员更直观地了解和掌握施工工艺及质量管理要点，避免主观失误。一线作业人员可以通过 BIM 可视化技术交底，施工工艺模拟仿真，施工难点、关键点的可视化，动画漫游等技术手段，对施工的作业环境、作业内容、施工难点、施工关键点等熟悉掌握，提高施工操作水平，并在施工中加强质量管控，避免施工出现质量问题。

(2) BIM 技术对机械设备的影响

通过 BIM 软件建立 BIM 模型，根据建筑物外部轮廓，综合考虑现场道路、材料堆放、加工，以及施工区域划分等因素，进行塔式起重机、施工升降机、物料提升机、钢筋加工设备、混凝土搅拌设备等机械的选型以及选址。

(3) BIM 技术对材料的影响

材料是工程项目质量的基础。如果材料不合格，即使设计标准再高，施工技术再先进，工程质量也不可能达到标准。因此，确保材料质量是施工质量管理的关键环节。

首先，要做好材料采购工作。通过 BIM 软件提供施工各个阶段需要的材料清单，施工方根据材料供应方的材料质量进行比选采购，并建立材料数据库，按计划、标准、数量领取使用，保证材料领取使用规范、准确。其次，材料进场时根据 BIM 信息库认真审核材料的规格、等级、质量标准、保质期等技术参数，确保材料质量达到标准要求。最后，在材料使用过程中，根据 BIM 信息库提供的材料等级、质量、尺寸等参数按施工需要进行加工，并根据可视化技术交底，将材料运至正确施工部位进行施工，确保材料加工、使用正确。

(4) BIM 技术对方法的影响

通过 BIM 技术的应用，建筑施工管理人员可以使用计算机相关技术辅助的方法对施工工艺、施工方法、施工技术措施等技术环节进行施工模拟演练，以防止施工过程中出现管理漏洞。通过加强施工技术的控制和分析演练施工工艺流程，可以及时有效地发现工程存在的问题，提高施工管理的针对性和有效性，确保施工质量和施工进度。通过运用 BIM 技术，可以实时跟踪施工技术相关信息，从而实现项目施工相关的技术参数的动态管理以及维护调整。所以，在工程项目施工阶段，施工单位的技术管理人员需要动态管理

施工并有效控制发生的偏差。

(5) BIM 技术对施工环境的影响

建筑施工环境条件包括施工现场自然环境条件、施工作业环境条件、施工质量环境条件。BIM 通过三维模型模拟现实，可以直观地反映建筑工地的自然环境和施工作业环境。它可以预测自然环境和施工作业环境对质量管理的影响，并提前预防和解决问题。施工现场的三维模拟可以直观地看到拟建建筑、项目部办公区域、居住生活区、现场道路、塔式起重机、材料仓库、材料加工区域等的布局，使施工管理人员可以提前熟悉现场并优化布局调整。BIM 在相关软件的辅助下具有三维动态漫游功能，可以帮助施工人员在建筑的许多水平剖视图中看到此建筑构造的每个细节，模拟施工人员进入施工现场，给人一种身临其境的感觉，并能感受到场地的布局、施工工艺和施工要求，这样使施工管理人员对施工现场的环境更加了解，并提前采取质量预防措施，为提高施工质量提供必要的保护。

8.5.3　基于 BIM 的工程质量管理组织设计

(1) BIM 团队的成立

在一切工作开始之前，针对 BIM 技术的专业性，必须有一支完全独立的 BIM 建设团队。目前 BIM 方面人才稀缺，人员流动性也很大，如何快速组建一个稳定的、具有专业化水平的 BIM 团队十分重要。

BIM 应用需要多个专业、多个部门协同作业。一般来说，BIM 模型建立是由设计单位的各专业人员进行设计，但是在设计过程中，项目信息是不断地添加到模型中去的，施工企业外聘 BIM 顾问不能从项目开始到最后竣工验收始终待在现场进行指导。施工企业拥有自己的 BIM 团队不仅可以降低项目目标成本，还可以提高企业核心竞争力，让一线技术人员迅速成长为可操控 BIM 的专业人员，随着 BIM 项目开展不断积累经验。

(2) 基于 BIM 的施工质量组织设计

真正地实现 BIM 设计，主要在于管理，组织结构是否合理、人员素质高低都决定了BIM 项目的成败。基于 BIM 的质量管理组织设计基本解决了以上问题。从信息交流方面来讲，各参与方的沟通都是通过建立的 BIM 模型，信息连续且唯一，解决了信息沟通障碍及流失问题；项目计划的制订都是根据 BIM 模型，进度和成本等相关部门之间都是相互沟通协调的；BIM 的质量控制均是依据相关规范和设计要求，管理方面具有标准化特点。组织结构有职能式组织结构、直线式组织结构、矩阵式组织结构，他们各有特点。

在施工过程中不断更新信息，不断修改及完善模型，在各个职能部门的协同下，最终形成一个可以真正反映建筑实体的建筑信息模型。实际工程中，BIM 建模专业人员与BIM 应用人员一般是不同的，职责划分和人力成本是造成这种情况的主要原因。

以上的组织结构设计是针对施工企业内部的质量组织结构系统，相关部门和人员都必须严格按照 BIM 应用的要求进行质量信息的录入和修改。进行质量控制还有一个关键点，就是加强与各施工参与方的沟通，通过比较传统方式和 BIM 应用后沟通方式的改变，体现 BIM 的优势。

8.5.4　基于 BIM 的质量管理应用过程

对于工程质量管理来说，工程质量主要是由管理系统过程决定的，如果管理系统过程不稳定就会直接影响整个项目施工的合格率，并且会影响工程质量所延伸的人民生命财产安全的问题，所以从工程实践角度来看，在没有 BIM 技术前，需要投入大量人力、物力、财力进行管理。而有了 BIM 技术，就可以在很多方面节省消耗，而且对于项目质量管理的成效是不一样的，因为项目管理不是一个短期的行为，是一个长期的、复杂的系统过程，所以对于建设项目施工质量管理来说过程非常重要，主要分为事前质量控制、事中质量控制和事后质量控制。

（1）基于 BIM 的事前质量控制

基于 BIM 的事前质量控制，是指在施工前准备阶段基于 BIM 技术的质量控制，主要体现在设计、施工管理水平上。首先，在设计阶段，通过应用 BIM 相关软件建立 BIM 模型并进行图纸会审，将会审出来的问题反馈给各专业再进行深化设计，以此减少设计错误带来的质量问题；其次，通过 BIM 碰撞检测软件进行结构、构件、设备之间的碰撞检测，对检查出来的问题进行设计变更，减少因专业间的设计冲突带来的质量问题；再次，通过 BIM 软件对材料进行放样，列出材料清单，加强材料采购、运输、加工等过程的质量管理；最后，通过对 BIM 模型的模拟，结合施工作业条件，对施工组织设计或施工方案进行比选，确定最优的施工组织设计或施工方案，并按确定的施工方案组织施工。

事前质量控制是质量控制的基础，是实现质量控制目标的前提和保证，是消耗的成本最少、综合效益最好的一种方式。工程项目的质量控制应该是主动的，我们可以分析出可能会对工程质量产生影响的各种因素，并提前做好预防措施予以控制。如果是被动地在施工过程中或者施工结束后发现质量问题，势必会对工程项目造成损失。所以，做好事前质量控制，在施工前就可以及时发现后期有可能发生的质量问题，消除还在萌芽中的问题，或者提出适当的对策，并提醒一线操作人员施工过程中有可能发生的质量问题。通过这种方式，可以提高施工人员的注意力，以确保施工项目的施工质量。

（2）基于 BIM 的事中质量控制

基于 BIM 的事中质量控制，是指在施工过程中，充分利用 BIM 技术应用手段对工程质量进行控制。如通过建立三维实景模型比较真实地反映出施工现场及周边环境条件，方便进行施工现场布置和道路交通组织；也可以利用 BIM 相关软件进行施工仿真模拟，让施工人员在施工前先熟悉和掌握施工内容和施工流程，再利用 BIM 相关软件进行可视化技术交底，使操作人员对施工工艺和施工质量控制要点进行总结掌握，各专业人员严格按照标准要求完成自己的工作，避免操作人员在施工中盲目操作、随意施工进而无法保证施工质量。还可以通过 BIM 技术协同管理进行施工进度、施工安全和施工质量的实施监控，查看现场实际情况和设计要求是否存在偏差，以便及时进行整改。

（3）基于 BIM 的事后质量控制

基于 BIM 的事后质量控制，是在施工过程中完善质量控制的重要组成部分。事后质量控制实际上是对工作中的不足进行"事后"弥补，并对过程进行必要的总结。

利用 BIM 技术进行检查验收，对于不符合标准的地方要进行整改。

一是可以通过三维激光扫描技术对施工的建筑外观进行数据采集，并与 BIM 中外观质量要求进行对比分析，检查是否存在偏差，督促整改。

二是对现场质量验收数据与 BIM 系统中的质量要求进行对比检查。需要预先制订好质量标准输入到 BIM 模型系统中，将已完成的工作内容输入系统与质量标准进行对比，从中找出不足和问题，最后提出补救措施，并对问题进行有效的总结。从这个角度来看，事后质量控制也是岗位控制的内容，很好地弥补了当前项目在质量控制中一些可能遗漏的问题，并且为未来项目的质量管理积累了信息和经验。

8.5.5　BIM 技术在质量管理中的典型应用

（1）基于 BIM 的图纸会审

施工图纸是工程的施工依据，施工图纸的质量从根本上决定了施工的质量。施工单位自收到设计单位的施工图纸后，根据设计的初衷，对图纸文件进行全面审核，目的是在项目施工之前发现图纸中的设计错误和问题。随着建设工程日趋复杂，设计周期又普遍偏短，设计师的设计意图和要求越来越难准确无误地通过施工图表达，并且很难避免存在错、漏、碰、缺以及表达不清的情况。通过提前会审进行各方洽谈及时发现图纸中的问题，对所遇问题进行修改和优化，在施工前对质量问题进行一定的质量控制是很重要的，有利于各参与方特别是施工单位透彻了解设计图纸，深入领会设计初衷，掌握工程的特点和难点，找出有待解决的技术难点并且拟定解决方案，使由于设计缺陷而存在的问题在施工前得到解决。

以往传统的做法是通过图纸会审由各参与方根据各自的专业特点就施工图纸提出问题并讨论，但是这种做法还存在很多缺陷：

① 不能全面解决图纸问题。对于大型复杂的建设工程项目，涉及众多专业，分包参与方众多，很多时候施工图纸会审并不能做到全面，一些细部构件和节点问题往往会被忽略。

② 协同技术落后。图纸问题除了个别专业的设计问题，还存在不同专业之间的协同设计问题，如果仅仅依靠个人的三维空间想象能力，只能发现部分平面图上的问题，不能综合地考虑空间结构关系，需要在一个可视化操作平台进行沟通交流。

③ 图纸问题表达不清楚。即使依靠看图者扎实的专业知识和丰富的工作经验可以发现某些复杂的图纸问题，但参与者众多，需要通过口头的或者文字的形式把问题描述出来，并让其他人理解，不能保证效果和效率。

而基于 BIM 技术的各专业模型绘制是利用 BIM 软件进行施工模拟，通过施工模拟的过程，发现一些在施工过程中容易疏忽和暴露的问题，提前控制好质量问题。融入了 BIM 技术的图纸会审工作会显著提高图纸会审的工作效率。

利用 BIM 技术进行图纸会审，可以在模型创建时，将施工管理人员与设计专业人员的意见有效结合，找出一般建设项目的通病，提前做好部署，对这些区域做好规划，克服传统质量管理中"干到哪里改到哪里"的缺点。在技术人员和施工人员完成图纸会审工作之后，通过 BIM 的漫游功能进行复核，提出模型中不符合需求的区域，并再次协商改善。通过 BIM 的漫游功能，节约了图纸会审的工作时间，大大提高了工作效率，使得参与各方沟通更加方便快捷。

（2）基于 BIM 的施工组织设计管理

基于 BIM 的施工组织设计是利用 BIM 技术实现质量管理的重要保证。质量管理部门必须确保工程质量达到设计要求，以及确保施工材料达到质量要求等。每一类质量信息都汇集到 BIM 模型中进行统一管理。传统的组织设计缺点明显，各个部门的分工不一样、沟通不及时，就容易产生施工质量事故，进而造成工期的延误。在 BIM 平台上所有的流程和技术框架都是围绕唯一的 BIM 模型展开的。基于 BIM 的项目管理流程要求每个参与方的信息最终必须上传至 BIM 模型，由项目的管理层汇总后分享给每个参与方。

（3）基于 BIM 的专项施工方案模拟

每个项目开工之前都会有相对应的专项施工方案模拟，以起到对工程的指导作用，合理的专项方案是工程项目实施的基础。时代在不断发展，现代建设过程中，常常会使用一些新材料、新工艺、新技术，但是有很多现场施工人员和技术人员不知道该如何使用。传统模型下的工程项目主要依靠二维图纸以及一些文字来撰写工程项目的专项施工方案，很难将新材料、新工艺、新技术的使用方法加以说明，技术交底时也很难形象地展现给技术人员和施工人员。

利用 BIM 技术对工程项目进行专项施工方案编排时，可以加上方案三维模拟演示，针对不同材料、不同工艺、不同技术将施工步骤和困难的地方直观表现出来。通过这样的方式，大大加强了施工人员和技术人员的理解，使专项施工方案更有成效。

（4）基于 BIM 的碰撞检查与深化设计

传统的碰撞检查，利用计算机辅助软件的外部参照功能将表示不同专业的图层叠在一起，通过个人的空间想象能力进行对比以排除碰撞危险，此做法虽然也可以解决一些问题，但是还有很多不足之处：

① 施工前的深化设计，只要构件或者管道位置有所改变，则与其相关联的部分就会产生问题，不同专业设计人员意见不统一，造成深化过程中有大量问题出现，降低了效率，浪费了时间，难以得到最佳方案。

② 只通过二维图纸进行深化和碰撞检查，对技术人员和设计人员的三维空间想象能力要求非常高。

③ 深化设计没有达到预期效果，施工复杂导致重新返工。

利用 BIM 技术，将传统的二维图纸转化为三维模型，使用 BIM 软件检测项目中包括建筑、结构、给排水等专业在空间中的问题，不仅可以在单一专业中检测，而且也可以进行各专业之间的碰撞检验，根据试验结果进行相应的深化设计，这样就显著提高了各专业设计人员之间的沟通效率，解决了大量项目设计不合理的问题。

（5）基于 BIM 的施工现场质量管理

在传统方法中，对于现场的质量管理一般包括施工操作质量监测、工序交接检查、隐蔽工程检测与验收、成品质量检查等，主要采取目测、仪器、试验等检测方法。这些工作伴随着整个施工过程进行，但是存在一些问题：

① 发现质量问题后，可能因为个人行为不能追踪到具体情况而不能准确确定质量原因和责任主体。

② 施工操作质量监测、隐蔽工程检测、工序检测等没有及时做到，导致滞后现象，尤其是隐蔽工程检测，这样质量问题就随之产生。

③ 质量监测不能及时提供相应的补救措施并整改。

通过 BIM 技术，例如鲁班公司的 iBan 终端，将红外感应器、激光扫描器和全球定位系统集成在一个终端,与互联网连接,将信息及时传入计算机终端,与 BIM 相结合,将 BIM 导入到质量管理平台实现资源的共享,通过互联网将施工现场发现的问题上传,将每个部件与模型中的部件一一对应,录入、输出和管理每个构件信息,施工人员通过移动终端在信息管理平台进行组织、信息和权限的分配,实现施工产品质量控制。

8.6　施工安全管理

8.6.1　传统模式下建筑工程安全管理应对措施

(1) 建设单位安全管理应对措施

落实好开工前的安全管理制度,搞好以安全预防为基本方针的思想教育事务,在制度保障上,将靠人管人的安全管理工作转变为书面的规章制度,建立健全安全生产和消防安全管理制度、组织有关人员集中检查和日常检查相结合的制度。

资质的检查工作应在开工前开展,防止施工单位发生"以包代管"的现象,并审理大中型参建企业的相关专职管理工作者的配置部署,对从事危险性作业人员的相关证件资料进行检查。

安全文明措施费应该严格控制。将有关的费用列入相关的招标文件中,只有对安全相关措施验收合格后才能支付其相关费用。与此同时,要在内部加强自检、互检和专检的工作,提高工程项目安全文明动工标准。

与传统模式下建设单位安全管理相比,BIM 技术对于工程安全管理更加具有优势。可以通过 BIM 相关平台的建设加强建设单位主体责任;在工程建设中数据的整理和汇总可以通过 BIM 软件实现;BIM 应用软件能增加多种监管机制;BIM 技术对实际施工过程的模拟可改变安全教育落后的情况;BIM 技术可以使得各参建单位安全责任划分明确,优化安全管理模式。

(2) 设计单位安全管理应对措施

方案设计阶段应该遵守与建设工程安全管理有关的条例法令的安排;设计方将安全设计效果作为设计成功与否的重点考察选项;在方案选择时应该把施工安全风险考虑进来。

在图纸的设计过程中,将施工工艺和工人的安全考虑到全过程管理中;一些可能会导致工程隐患发生的重要结构部位和节点要进行标注;设计师应考虑安全操作以及安全防护等问题;设计师应该对施工过程中可能出现的安全问题列出建设性的建议。

在工程建设中,设计者应该积极参与到工程项目技术交底中;对于现场的安全影响较大的关键节点,应该派相关设计人员驻场进行安全施工指导。

与传统意义的设计单位安全管理相比,BIM 技术对项目安全建设具有优势,对于设计单位的安全管理投入不足的问题,可通过 BIM 技术平台的建设来加强设计单位各责任主体之间的相互交流,加强安全管理;在方案规划阶段可以利用 BIM 技术找到对安全控制更加合理的方法;BIM 技术可以提前检测出图纸存在的设计不安全因素与安全隐患,优化图纸。

(3) 施工单位安全管理应对措施

每月按期开展工程安全管理措施相关讨论,评比优劣并执行奖罚,对影响安全较大的问题进行专项研究讨论，找出安全问题并提前做好预防措施。

为员工提供安全教育学习的机会，最大限度地普及安全知识；组织劳务人员进行学习，提高安全管理水平和安全学习能力。

应该全额地投入、使用与安全施工有关的费用，不能只讲进度和成本，要保证这些费用落到实处；在企业应该单独设置一些管理经费，用于项目安全器械、劳保用品的购买和教育培训等。

与传统模式的施工单位安全管理相比，BIM 技术对建筑工程安全管理具有优势，对于施工单位安全管理模式落后和宏观控制能力差等不足，可利用 BIM 技术创新安全管理模式；BIM 技术的模拟功能可以提前找出工程施工中的危险因素，加强事前主动预防；BIM 的三维可视化检查，可以找到各专业存在的安全隐患，及时改正；通过 BIM 进行三维的可能出现的隐患部位的交底，提升教育培训的效果；对于项目各参建方安全管理协调能力的不足，通过 BIM 信息共享平台可以加强各方组织协调能力。

8.6.2　基于 BIM 的建筑施工安全管理的组织结构

8.6.2.1　实施目的

① 安全状况的透明化。施工过程是一个不断变化的过程，因此施工现场的安全状况存在不确定性，施工现场安全状况信息的掌控度与安全事故发生的概率大小息息相关。通过实施基于 BIM 的施工现场安全管理，可以帮助管理人员实时、准确、有效掌握施工现场的安全状况。

② 安全管理的直观性。基于 BIM 的施工现场安全管理，将会提高安全管理的直观性，即使是对安全知识不甚了解的新手，也可以通过三维可视化模型直接判断施工现场的安全状况，并对现场进行检查和评价，有一个全方位、全过程的直观了解，实现施工现场的有效管理。

③ 安全管理的动态化。施工安全管理过程中的 BIM 技术将施工现场的安全管理细则实时追踪到每一天，甚至是每一时刻。另外，在三维虚拟场景中对施工场地进行规划布置，设计详细的施工方案并不断完善；通过动态仿真模拟，保证施工现场的安全管理在时间上和空间上的连续性，及时发现不足和缺陷，实现施工安全管理的动态化。

④ 安全管理的程序化。施工过程中 BIM 技术的运用有利于实现从局部到整体、从开工准备到整体竣工的安全管理。

8.6.2.2　组织结构

如何实现 BIM 数据信息的收集、分类、加工、传递、共享是实施基于 BIM 的建筑施工安全管理需要解决的重要问题。为了解决以上问题，将基于 BIM 的建筑施工安全信息组织体系大致分为四个基本功能模块——信息定义模块、信息加工模块、信息输出模块和信息使用模块，并初步探讨了四个基本功能模块主要负责的工作内容。这四个功能模块各负责一部分相对独立的工作内容，但各部分的工作内容之间也具有相应的承接关系并进行信息传递。

（1）信息定义模块

信息定义模块主要完成施工现场所有与本项目的施工安全管理相关的信息的定义工

作。需要定义的信息包括：建筑模型、项目施工方案、类型属性信息、实例属性信息和安全信息等。建筑模型可以在 Autodesk Revit 软件里面构建；项目施工方案由设计人员或施工人员提供，通过一定的数据接口导入；BIM 建模阶段生成的属性信息是不完整的，需要边建模边丰富定义；对安全信息的定义主要包括施工阶段、施工安全影响因素、施工安全预控措施和施工危害。

（2）信息加工模块

对各部分的信息定义之后，还必须对相关信息进行加工处理，不断完善施工安全信息，使得信息内容更加丰富。除此之外，还要对部分信息进行整合，避免出现信息冗杂，并对有关信息进行格式转换，便于信息的输出和利用。

（3）信息输出模块

输出模块中数据信息的输出途径包括两个：一个是通过对 Revit 模型中的属性信息进行判断和提取；另一个是通过 Navisworks 模型的施工动态模拟，以可视化的直观界面输出所需的安全信息。

（4）信息使用模块

对输出的信息加以利用，可以进行施工安全影响因素的识别，并可以查询施工安全预控措施，在施工前期将识别结果可视化，实时地展现给安全管理人员，实现有效地降低各种安全事故的发生概率。

8.6.3 基于 BIM 的施工安全影响因素分类

施工现场的活动过程是动态变化的，随着项目施工的不断推进，施工现场对材料、机械等的需求也会发生变化，而施工现场条件也会随着施工进度的变化而变化。传统的施工安全影响因素或根据《生产过程危险和有害因素分类与代码》（GB/T 13861—2009）分为人的因素、物的因素、环境因素和管理因素，或依据《建筑施工安全检查标准》（JGJ 59—2011）中的检查评定项目划分，逐一对施工项目进行安全检查。在前期进行因素识别时，如仅分别考虑某一方面因素，忽视了施工进度变化导致的现场条件和需求的变化，会导致项目在施工过程中突发安全事故时，现场必须停工进行紧急处理，从而影响工程的进度、成本和施工质量。因此，在识别过程中，考虑施工现场的动态变化已成为迫切需要。

按照建筑施工的主要流程，建筑施工作业一般分为施工准备、地基基础、主体结构和装饰装修四个阶段。这四个阶段不仅在空间上具备一致性，在时间顺序上也具备承前启后的关系，但在结构形式、工程部位、使用材料设备种类等方面具有较大的区别。因此，每个施工阶段发生的安全事故不同，其存在的危险有害因素也各不相同，例如基坑坍塌，只在地基基础阶段才发生。相对于传统的人、机、料、法、环的因素分类方法，作为共性的"人"的因素在不同施工阶段的影响程度也存在差异，因此，施工安全影响因素的分类应该在传统方法的基础上予以改进。需要注意的是，施工过程的各阶段之间不是彼此独立的，而是彼此制约和影响的，因此，依据各阶段不同情况进行的施工安全影响因素识别并不是指等到施工进行到该阶段才开始识别，而是应当在施工前期就综合考虑整个项目的施工过程。BIM 技术以建筑信息集成为理念，创建具有项目信息数据的建筑模型，其施工模型可以直观形象地模拟建筑施工的全过程，并展示施工作业阶段的详细情况。

8.6.4　BIM 技术在安全管理的主要应用

（1）可视化安全技术交底和安全教育

传统的安全教育和技术交底常常以二维图纸为媒介，通过讲授和影像资料等方式对现场的工人进行安全教育，工人只能通过观看来获取一些基本信息，感知能力相对较弱，个人的学习热情不高，导致了安全教育培训的效果不明显，也为后面的现场安全管理工作带来了隐患。BIM 技术的发展使得安全教育和安全技术交底不仅仅停留在二维阶段，它可以将人的不安全行为及危险场景进行三维模拟，VR 技术还可以将场景真实化，同时还可以针对不同的工种进行专项训练，使他们掌握不同的专业技能。这种沉浸式的体验和学习达到了施工安全教育的目的，使得体验者体会到了事故的危险性，从而在实际施工中避免事故的发生。另外，VR 体验的占地面积较小、可体验的项目较多，可以根据工程的不同进行场景的变换和调整，具有一次投入多次使用等特点。

（2）施工场地的优化

随着工程项目的结构越来越复杂，项目管理的难度也在一直增加。施工场地是项目的重要生产基地。工程现场中各种资源如何科学、合理地布置与建筑工程的安全有着密不可分的关联，项目方案的合理布置能从源头上减少安全隐患。

传统的施工场地布置是二维静态的，由相关的编制人员在招标阶段依靠自己的经验对场地中的各类资源进行排布，所以不容易识别方案的合理性，也很难提前发现布置方案中的安全问题，进而为后续的工作埋下了安全隐患。BIM 技术可以根据二维的 CAD 平面图进行 1:1 的建模，将现场的建筑主体、材料加工棚、道路和施工机械等转化为 3D 动态的现场平面布置图，然后利用漫游及动画等功能对场地中的塔吊连墙件进行设置，对道路的宽度和弯度、塔臂是否存在相互影响、各类危险标志牌的摆放等危险性较大的资源进行合理的优化与布置。

施工场地的合理布置对于保证施工过程安全顺利进行是很有帮助的，减少了因不合理布置增加的不安全因素。

（3）高大模板支撑体系的安全管理

近年来，高大模板支撑体系（简称高支模）被广泛应用。高支模作为主体结构承重体系的一个重要部位，其在项目建设中除了承担自重以外，还要承担模板与各种施工机具的重量以及浇筑和振捣混凝土时产生的振动等，控制不好可能会产生安全问题。BIM 的兴起为工程建设模式提出了新的管理方向，利用 BIM 的相关特点可以在动工前将建设过程做虚拟可视化的演示，使管理者更加精准和全方位地了解相应的建设动态，从而降低施工风险并确保施工安全。

在高支模中，杆件是非常复杂的，在审查的时候是非常困难的，很难进行全面无死角的检查，往往会漏掉一些危险因素，为后面的安全管理留下了潜在风险。BIM 技术可以将高支模施工过程动态展示出来，场地的管理人员就能够了解实际情况，提升工程安全因素检查速度，为以后的安全检测和预警系统提供相关的支持。高支模施工是一个相对复杂的过程，施工场地比较狭小，实际施工中又会出现施工作业和材料的交叉情况。BIM 技术可以对高支模中杆件的空间位置进行规划，避免了杆件之间因为安全距离不够而导致影响结构稳定性的现象，提前预测危险源并对其位置进行合理的布置，降低事故发生概率，提升高支模现场管理的效率。

一般意义的高支模安全技术交底是靠口头描述和图纸结合的形式进行的，可能出现对图纸的解释错误和对施工作业方法表述不清楚等情况。BIM 技术可以通过三维动画的展示，让现场施工的每个人员都可以清楚地看到每个杆件节点的具体位置，结合 4D 过程模拟还可以查看搭建的重要观察点，使得高支模施工安全有序地完成。

对于经验型的安全控制模式，当高支模坍塌事故出现后才能根据事故的种类及特点制订相关改正措施，给施工现场带来人员伤害和经济损失。应用 BIM 技术可以根据动态模型的展示提早发现安全隐患，根据实际情况拟定出相关管理计划并进行实时的动态调整。

安全隐患存在于工程建设的各个阶段，而 BIM 数据库包含了一个项目的全部信息，可以对高支模施工中可能出现隐患的任何阶段进行识别，为安全管理措施的制订提供可靠的依据，保障施工过程的安全。

（4）临边洞口的安全防护

在建筑业蓬勃发展的趋势下，工程建设项目越来越复杂，高处作业已经不可避免，在施工作业过程中很容易在临边洞口处发生安全事故，从而导致大量人员伤亡和经济损失，因此，做好施工现场危险源识别和检查及安全防护工作，对于降低工程安全事故是非常重要的。

BIM 技术的出现为工程现场临边洞口的管理方式提供了新的理念，应用 BIM 可视化的特性，通过动态漫游发现施工过程中的安全问题，并根据其所在的空间位置创建出适当的 3D 防护设施模型，对工程项目中存在不合理的地方提前识别和及时处理，为后续安全方案的策划提供了技术支持。

思考题：

1. 施工阶段应用 BIM 技术的核心在哪里？

2. BIM 技术在施工质量控制的核心要点有哪些？BIM 技术在施工质量管理中有哪些优势？

留下你的答案吧

3. BIM 在项目管理过程中有哪些方面的应用？应用 BIM 技术进行全过程项目管理的步骤？BIM 模型的深化应用？

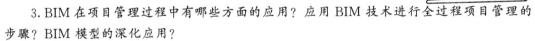

参 考 文 献

[1] 陈谦,齐健,张伟.4D 信息模型对施工过程的影响分析 [J].山西建筑,2010,36（15）.

[2] 张坤南.基于 BIM 技术的施工可视化仿真应用研究 [D].青岛:青岛理工大学,2015.

[3] 苗倩.基于 BIM 技术的水利水电工程施工可视化仿真研究 [D].天津:天津大学,2011.

[4] 徐骏,李安洪,刘厚强,等.BIM 在铁路行业的应用及其风险分析 [J].铁道工程学报,2014,03:129-133.

[5] 任爱珠.从"甩图板"到 BIM——设计院的重要作用 [J].土木建筑工程信息技术,2014,01:1-8.

[6] Liu Ming, Zhang Jing, Peng Bo Yang. BIM technology in the municipal engineering design [J]. Municipal Technology, 2015, 04: 195-198.

[7] 张哲.工程设计阶段 BIM 技术应用研究 [D].沈阳:沈阳建筑大学,2017.

[8] 刘为.BIM 技术在工程招投标管理中的应用研究 [D].武汉:武汉工程大学,2019.

[9] 张建平,王洪钧.建筑施工 4D+ + 模型与 4D 项目管理系统的研究 [J].土木工程学报,2014,42（1）:9-14.

[10] Tiantian TANG. A Study on Cost Control of Agricultural Water Conservancy Projects Based on Activity-based Costing [J]. Asian Agricultural Research, 2017, 9（07）: 11-14.

[11] 刘栋,李艳萍,孙鹏.建筑开发商在施工阶段的成本控制研究 [J].建筑经济,2020,18（04）:16-19.

[12] 徐紫昭.基于 BIM 技术的成本管理在某工程中的应用研究 [D].武汉:湖北工业大学,2020.

[13] 高新雅.住宅小区建设全生命周期信息化建设在 BIM 平台中的应用 [J].工程科技,2020,6（06）:76-78.

[14] 鲁丽华,孙海霞.BIM 技术及应用 [M].北京:中国建筑工业出版社,2018.

[15] 甘露.BIM 技术在施工项目进度管理中的应用研究 [D].大连:大连理工大学,2014.

[16] 花昌涛.BIM 技术在项目施工质量管理中的应用研究 [D].合肥:安徽建筑大学,2020.

[17] 孙泽新.建设单位在工程施工中的安全管理 [J].建筑安全,2007,22（8）:20-21.

[18] 方兴,廖维张.基于 BIM 技术的建筑安全管理研究综述 [J].施工技术,2017,46（S2）:1191-1194.

[19] 郭红领,潘在怡.BIM 辅助施工管理的模式及流程 [J].清华大学学报（自然科学版）,2017,57（10）:1076-1082.

[20] 赵彬,王友群,牛博生.基于 BIM 的 4D 虚拟建造技术在工程项目进度管理中的应用 [J].建筑经济,2011（9）:93-95.

[21] 李波.基于 BIM 的施工项目成本管理研究 [D].武汉:华中科技大学,2015.

[22] 王钰.建筑信息化时代下的大国工匠精神——《BIM 技术及应用》课程思政 [J].信息系统工程,2020（05）:167-168.